PROJETS

DE DEUX

CANONS A BOMBES

POUR

L'ARTILLERIE DE CÔTE

DU CALIBRE DE 0. 20 ET 0. 29

AVEC UNE PLANCHE

PAR COQUILHAT

MAJOR D'ARTILLERIE, CHEVALIER DE L'ORDRE DU LION NÉERLANDAIS

PARIS

LIBRAIRIE MILITAIRE, MARITIME ET POLYTECHNIQUE

DE J. CORRÉARD

LIBRAIRE-ÉDITEUR ET LIBRAIRE-COMMISSIONNAIRE

1, RUE CHRISTINE-DAUPHINE, PRÈS LE PONT-NEUF

1854

PROJETS

DE DEUX

CANONS A BOMBES

POUR L'ARTILLERIE DE COTE

LAGNY. — Imprimerie de VIALAT et Cie.

PROJETS

DE DEUX

CANONS A BOMBES

POUR

L'ARTILLERIE DE COTE

DU CALIBRE DE 0. 20 ET 0. 29

AVEC UNE PLANCHE

Par COQUILHAT

Major d'artillerie, chevalier de l'Ordre du Lion Néerlandais

PARIS

LIBRAIRIE MILITAIRE, MARITIME ET POLYTECHNIQUE

DE J. CORRÉARD

LIBRAIRE-ÉDITEUR ET LIBRAIRE-COMMISSIONNAIRE

1, rue Christine-Dauphine, près le Pont-Neuf

1864

PROJETS

DE DEUX

CANONS A BOMBES

POUR L'ARTILLERIE DE COTE

DU CALIBRE DE 0. 20 ET DE 0. 29

Toutes les puissances maritimes ont adopté pour la défense des côtes des pièces généralement plus lourdes que celles pour la défense des places. Tandis que pour celles-ci on a pris le poids du canon de 24 liv. comme un maximum qu'il convenait de ne pas dépasser, on a reconnu, au contraire, que pour l'artillerie de côte, on ne devait pas s'astreindre à cette limite, afin de pouvoir augmenter tout en même temps, et la puissance du calibre et l'étendue des portées. Les anciens canons de 36 et de 48 pesaient respectivement 3,500 et 5,300 kil. : les canons à bombes de 8° et 10° pèsent 3,500 et 5,000 kil.; les Français viennent d'adopter un canon de 50 tirant avec 8 kil.

de poudre et pesant 5,000 kil.; les Hollandais ont des canons de 60 tirant avec 10 kil. de poudre et pesant 5,500 kil., et des canons lourds de 30 pesant 3,200 kil. et tirant avec 5 kil. de poudre; les Prussiens ont un canon à bombes de 0. 29 pesant 5,900 kil. et tirant avec 6 kil. de poudre.

Les Anglais, outre les canons à bombes de 8° et 10°, ont des canons de 68. La Belgique possède des canons de 36 et de 48, des canons à bombes de 8° et de 10°. Le canon-obusier de 60 liv. qu'elle vient d'adopter pèse 2,800 kil., et est construit pour l'affût de place-côte de 24. Cette pièce assurera, pensons-nous, à la défense des places, les avantages que procurent les obusiers longs tirant avec des charges beaucoup supérieures à celles que permettent les anciens obusiers courts de siége.

Ces exemples suffisent pour montrer qu'en général l'artillerie de côte est beaucoup plus pesante que celle de place. La raison en est que les vaisseaux sont armés d'une artillerie formidable; et qu'il est admis que, pour combattre avec quelques chances de succès, il faudra pouvoir opposer des calibres au moins égaux à ceux de votre adversaire. Les inconvénients qui résultent d'une lourde artillerie sont moins grands pour les batteries de côte que pour celles de place : en effet, les premières conservent leurs positions pendant toute la durée des attaques, tandis que l'armement des places doit varier suivant les différentes périodes d'un siége. D'ailleurs, dans la défense des places, les combats d'artillerie se font ordinairement à des distances qui ne dépassent guère 600 m., tandis que les vaisseaux attaquent souvent les batteries de côtes à de grandes distances qui vont jusqu'à plus de 1,600 mètres.

L'artillerie de côte a même besoin quelquefois de portées plus étendues que celles que l'on peut obtenir avec l'artillerie des navires. Par exemple, lorsqu'il s'agit d'empêcher une escadre ennemie de prendre un mouillage ou de surveiller la côte de trop près. Dans ce cas, il n'y a pas de portées trop fortes : on peut dire que l'on a poussé jusqu'à ses dernières limites tout ce que la pratique permettait afin d'augmenter la puissance de l'artillerie. Nous nous contenterons de citer les obusiers à la Villantroys, dont les bombes pouvaient être lancées à une distance de plus de 5,000 mètres.

Mais comme à ces distances on ne livre pas de combats d'artillerie, nous croyons que dans la discussion sur le tir des canons à bombes, on peut se borner à l'examen des trajectoires pour les portées de 500, 1,000 et 1,600 mètres qui sont usitées dans les combats des navires contre les batteries de côte. Après ces préliminaires abordons notre sujet.

Notre but est de remplacer les canons à bombes actuels par ceux de 0. 20 et de 0. 29 tirant à fortes charges.

AVANTAGES DES GRANDES VITESSES QUE PROCURENT LES FORTES CHARGES.

L'auteur de la nouvelle force maritime a décrit avec un talent remarquable les avantages du tir horizontal des bombes : son but était de *lancer avec force et justesse comme des boulets ordinaires de très-grosses bombes.*

Les faibles charges produisent de faibles vitesses qui sont absolument insuffisantes pour tirer de loin, et qui ne suffisent pas toujours pour tirer de près, car s'il est avantageux de ne pas traverser le bord ennemi par un projectile trop rapide, il est cependant nécessaire de percer le bordage, ce qui n'arrive pas toujours, même avec les plus fortes charges, *lorsqu'on frappe dans une direction très-inclinée.*

Plus on augmentera la vitesse des boulets creux et obus, et plus on accroîtra leur justesse en même temps que leur portée; car, pour atteindre à une même distance, ils pourraient être tirés sous un angle moins élevé et *parcourir une trajectoire plus rasante et qui offrira beaucoup plus de chances de toucher.*

Ce qui précède est extrait textuellement de l'ouvrage de M. le général Paixhans. Les canons qu'il a inventés ont été un des plus grands progrès de l'artillerie moderne : mais nous croyons que l'on peut introduire quelques améliorations, en tirant, ainsi qu'il le dit lui-même, *avec de plus grandes charges, ce qui procure de plus grandes vitesses initiales et par suite un tir plus rasant et une plus grande étendue de portées.*

CAUSES QUI ONT FAIT ADOPTER DE FAIBLES CHARGES POUR LES CANONS A BOMBES.

Pour faire adopter une idée nouvelle, il faut rester en deçà du but, car si on le dépasse, la première expérience étant généralement un insuccès, l'inventeur est condamné sans appel. Il était donc essentiel pour l'adoption des canons à bombes que l'on n'employât que de faibles charges, afin que la bouche à feu offrît un excès de résistance, sans cependant dépasser le poids ordinaire des canons. Maintenant qu'un grand nombre de canons à bombes de modèles différents ont été construits et expérimentés, on peut chercher, avec beaucoup de chances de succès, à lancer des bombes horizontalement avec force et justesse, comme des boulets ordinaires de canon. On peut construire des bouches à feu offrant la résistance voulue : et avec un poids donné on peut faire un canon à bombes qui, jusqu'à une distance *donnée*, offre, dans le tir, le plus d'avantages sous le rapport de la chance d'atteindre et de la force du coup.

DISTINCTION A ÉTABLIR ENTRE LA RÉGULARITÉ ET LA JUSTESSE DU TIR.

On a trop souvent confondu la régularité des portées avec la probabilité de toucher. Avec une poudre donnée on augmente la régularité des portées en diminuant les charges et en augmentant les angles de tir : mais on diminue en même temps la probabilité de toucher. En employant avec les canons de 24, de 16 et de 12 respectivement les charges de 0. kil. 38, 0. kil. 27, et 0. kil. 31, le nombre des coups qui, sur 100, ont touché un blanc à 320 m., a été de 0. 61, 1. 39 et 0. 67, tandis qu'avec les mêmes calibres et la charge de 1/4 du poids du boulet, le nombre des coups qui ont touché sur 100 a été respectivement de 6. 56, 4. 27 et 8. 6, quoique la distance en blanc fût de 600 mètres.

Il est facile de prouver par d'autres exemples que la probabilité de toucher augmente avec les charges employées et par conséquent avec les vitesses initiales : nous nous contenterons de citer les suivants qui sont tirés de la troisième édition du traité d'artillerie de M. Piobert.

DIMENSIONS DU BUT.		DÉSIGNATION DES OBUSIERS.	POIDS de la CHARGE.	NOMBRE DES OBUS qui sur 100 ont touché le but.			
Hauteur.	Largeur.			500 m.	600 m.	800 m.	1200 m
0 m. 50	0 m. 50	Obusiers de siége de 0. 22 (expériences de trente ans).	2 k. 00		3.25		
			1. 50		2.27		
			1. 00		1.97		
			0. 75		1.15		
2 m. 00	12 m. 00	Obusier de campe. de 0, 16......	1. 50	70		40	30
			0. 75	40		24	
		Obusier de campe. de 0. 15.......	1. 00	60		33	8
			0. 50	30			

En examinant ce tableau on remarque que la probabilité de toucher augmente constamment avec les charges employées, et qu'il est même telles distances, celle de 1,200 m. par exemple, où l'on a probablement jugé inutile de tirer avec les petites charges des obusiers de campagne de 0. 16 et 0. 15, tandis qu'avec les fortes charges, les chances étaient respectivement 30 et 8 pour cent.

Avec un même calibre, les déviations des projectiles augmentent pour une même portée à mesure que les charges diminuent : nous trouverons encore, dans l'excellent traité de M. Piobert, des exemples à l'appui de cette proposition : nous en ferons un extrait.

Tableau des plus grands écarts des boulets à différentes distances.

DÉSIGNATION DES CANONS.		CHARGES.	DISTANCES (mètres).				
			200	300	400	500	600
Siége et place.	24 liv.......	3 et 4 kil.	1 m.	1 m. 6	2 m. 3	3 m. 1	4 m.
		2 k. 5	1. 1	1. 8	2. 7	3. 9	5. 6
		2 k. 67 et 2 k.	1. 2	1. 9	2. 7	3. 6	4. 5
	16 liv.......	1 k. 67	1. 3	2. 1	3. 2	4. 6	6. 5

Pour un même calibre les plus fortes charges donnent constamment les plus faibles déviations.

Les propositions qui précèdent sont extraites de l'ouvrage de M. Piobert et s'accordent entièrement avec les idées émises par le général Paixhans.

LA RÉSISTANCE QUE L'AIR OPPOSE AU MOUVEMENT DES PROJECTILES N'EST PAS PLUS CONSIDÉRABLE POUR LES BOMBES DE 0. 20, ET POUR CELLES PLUS GRANDES, QUE POUR LES BOULETS DE GROS CALIBRES.

On trouve encore, dans le livre de M. Piobert, ce qui suit :

Dans le tir ordinaire des boulets pleins une très-grande vitesse imprimée au boulet n'a pas d'inconvénient : elle ne peut produire en général qu'un excès d'intensité qui n'est pas utilisé, mais les projectiles creux animés d'une trop grande vitesse se briseraient même contre des obstacles peu résistants, et d'ailleurs l'emploi des grandes charges qui produisent ces grandes vitesses, présente peu d'avantages avec des projectiles d'une densité assez faible, sur lesquels l'effet de la résistance de l'air est considérable.

Il est évident que cette dernière objection ne s'applique qu'aux obus de faibles calibres, mais nullement aux projectiles creux lancés par les canons à bombes, puisque pour ces projectiles la résistance de l'air est à peu près la même que pour les gros boulets : elle est même moindre pour la bombe de 0. 29 que pour le boulet de 48. On peut en juger par le tableau suivant, où l'on fait usage de la formule de Poisson, indiquant la résistance de l'air.

$$c = \frac{3}{8} \; \frac{\delta n}{a d},$$

Dans cette formule on représente par :

c le coefficient de la résistance de l'air,

δ la densité de l'air,

a le diamètre du projectile,

d la densité du projectile,

n un coefficient numérique variant avec la vitesse d'après les expériences de Hutton.

On déduit pour la valeur du rapport $\frac{c}{n}$ indépendant de la vitesse

$$\frac{c}{n} = \frac{3}{8} \frac{\delta}{a d}.$$

DÉSIGNATION DES PROJECTILES.	VALEUR DU RAPPORT $\frac{c}{n}$.
Boulet de 16	0. 000481
Bombe de 0. 20	0. 000469
Boulet de 0. 18	0. 000466
Bombe de 0. 22	0. 000426
Boulet de 24	0. 000417
Boulet de 36	0. 000357
Bombe de 0. 27	0. 000348
Boulet de 48	0. 000386
Bombe de 0. 29	0. 000323

Pour la bombe de 0. 20 la résistance de l'air est moindre que pour le boulet de 16, et à peu près la même que pour le boulet de 18 : si donc on trouve que pour ces deux derniers calibres la charge au tiers n'est pas trop forte relativement à la résistance de l'air, il doit en être de même pour la bombe de 0. 20. Les fortes charges seront d'autant plus avantageuses, que les calibres seront plus forts, puisque la résistance de l'air diminue constamment à mesure que les calibres augmentent.

LES PIÈCES DE FER PERMETTENT DE TIRER LES OBUS A FORTES CHARGES.

Sous le rapport de la résistance que les obus peuvent offrir dans le tir à fortes charges, nous ferons remarquer que les canons à bombes devant être coulés en fer, l'âme ne peut se dégrader d'une manière sensible : les battements des projectiles contre les parois doivent être peu de chose, et ce n'est qu'en rencontrant le but que les projectiles creux peuvent se briser.

A l'appui de cette opinion, nous exposerons le fait qu'avec le canon de 24 nous avons tiré des obus de 0. 15 avec des charges de 6 kil. Ces obus ont traversé des massifs de bois de chêne épais de 0. 50, à la distance de 300 m., sans se briser.

MOYEN D'EMPÊCHER LES OBUS DE SE BRISER EN TRAVERSANT LES MASSIFS DE BOIS.

Une légère augmentation dans l'épaisseur des bombes peut permettre de tirer avec les plus fortes charges et de traverser les massifs en bois, sans que les projectiles se brisent. En adoptant 1/6 pour rapport de l'épaisseur des parois au diamètre extérieur, le projectile vide pèserait les 0. 70 du projectile plein, la densité serait 5, et sa capacité intérieure n'en serait guère diminuée : la bombe de 0. 20 ainsi modifiée pourrait contenir beaucoup plus de poudre que les obus de 0. 15 ou de 0. 16 et que les boulets creux de 48 ; il en résulte que les effets explosifs dans la charpente des navires continueraient à être formidables. D'ailleurs cette augmentation dans les épaisseurs, en rendant les projectiles plus denses, donnerait lieu à des trajectoires plus rasantes aux grandes distances, et augmenterait les chances de toucher.

MOTIFS POUR REMPLACER LE CANON A BOMBES DE 0. 22 PAR CELUI DE 0. 20.

Nous proposons de remplacer le canon à bombes de 0. 22 par celui de 0. 20 tiré à fortes charges, afin d'augmenter considérablement la justesse du tir, en sacrifiant une partie des effets explosifs. Remarquons que lorsque les obus de 0. 20 éclateront dans les membrures des navires, ils y produiront des brèches tellement larges, qu'il sera impossible de les boucher, et que si l'éclatement a lieu en dessous de la ligne de flottaison, la perte du navire sera aussi bien décidée avec l'obus de 0. 20 qu'avec celui de 0. 22.

Les canons à bombes sur lesquels insiste le plus fortement le général Paixhans sont ceux de 80 ou 8°, pesant 3,500 kil. et de 200 liv. ou 11°, mais dont il n'a pas donné de projet.

Le poids de 3,500 kil. pour le canon à bombes de 80, n'a pas présenté d'inconvénients sérieux dans le service; aussi cette bouche à feu a-t-elle été généralement adoptée pour l'armement des vaisseaux et des bâtiments de guerre ainsi que pour les batteries de côte. Nous avons projeté un canon à bombes de 0 m. 20, ayant le même poids, mais tirant avec une forte charge 5 kil.; la discussion que nous établirons entre ces deux bouches à feu prouvera, nous le croyons du moins, la supériorité de celle que nous proposons sur le canon à bombes de 80 liv.

UTILITÉ D'UN CANON A BOMBES DE 0. 29.

Le motif qui nous porte à proposer en outre un canon à bombes de 0. 29 à forte charge, est qu'il importe d'avoir une bouche à feu d'un grand calibre et d'une très-grande portée, pour faire respecter un point essentiel des côtes par les flottes ennemies, en les obligeant de s'en tenir éloignées, dans la crainte des projectiles creux et très-lourds dont un seul pourrait consommer en un instant la perte d'un vaisseau. La faible charge du canon à bombes de 0. 27 ne permet à cette bouche à feu que de satisfaire très-imparfaitement à ces diverses conditions.

Le calibre de 0. 29 correspond, à peu de chose près, à celui de 11° ou de 200 liv. proposé par M. le général Paixhans, seulement nous voulons en augmenter l'utilité en le rendant efficace aux plus grandes distances par l'emploi d'une forte charge.

ABSTRACTION FAITE DE LA PLUS GRANDE JUSTESSE QUE PROCURENT LES FORTES CHARGES, LES GRANDES VITESSES SONT INDISPENSABLES QUAND LE BUT EST MOBILE.

Les grandes vitesses n'augmentent pas seulement les chances de toucher en parcourant un tir plus rasant, mais elles sont encore des plus utiles lorsque le but est mobile.

Lorsque le bâtiment sur lequel on devra tirer sera très-rapproché, et qu'il marchera lentement ou bien dans la direction de la batterie, on pourra considérer le but comme étant fixe. Mais si le vaisseau est suffisamment éloigné, si sa marche est rapide et par le travers, il s'éloignera sensiblement du plan de tir d'un projectile dirigé sur lui, durant le trajet de ce projectile.

Les boulets de 30 et les obus de 0. 22, qui seraient tirés avec les charges ordinaires sur le grand mât d'un vaisseau distant de 1,400 m. mais marchant par le travers avec une vitesse de 6 m. par seconde, ces projectiles, disons-nous, passeraient tous derrière la poupe des plus grands vaisseaux, attendu qu'ils mettraient, les premiers 5" 3, et les autres 5" 7 à parcourir cette distance. Pour traverser un intervalle de 1,600 m. l'obus de 0. 20 lancé avec la charge de 5 kil. ne mettrait pas 5".

LE TIR A RICOCHET SUR MER EST PLUS FAVORABLE AVEC LES GRANDES VITESSES QU'AVEC CELLES QUI SONT FAIBLES : IL NE PEUT AVOIR LIEU QUE PAR LES TEMPS CALMES.

Un argument que l'on a fait valoir en faveur des projectiles lancés avec de faibles charges, c'est qu'à la mer il n'est pas nécessaire d'atteindre le but d'un seul bond, mais qu'au contraire, en faisant ricocher le projectile sur l'eau, on augmentera d'autant plus la chance de toucher que celui-ci fera plus de bonds. S'il est vrai qu'il soit plus avantageux de tirer en ricochant sur l'eau dans certaines circonstances, ce qui est une opinion très-contestable et sérieusement combattue par des hommes d'expérience, hé bien! encore dans ce cas, le tir à ricochets est-il le plus favorable lorsque les vitesses sont plus grandes. Le boulet de 24 partant de 10 m. au-dessus de la mer avec la charge au tiers, ricoche à toutes les portées de première chute, comprises entre 85 m. et 1,400 m., qu'on obtient en faisant varier l'angle de tir depuis 6° 30' en dessous de zéro jusqu'à 3° 45' au-dessus. A 20, 30 et 40 m. d'élévation, les points ricochables pour le boulet de 24 commencent respectivement à 170 m., 265 m. et 370 m., et finissent à 1,350 m., 1,280 m. et 1,220 m. Le boulet de 36 tiré avec la charge du tiers, et l'obus de 0. 22 tiré avec la charge de 5 kil. ont à peu près les mêmes limites inférieures pour les portées et les angles de tir; mais la portée maximum avec ricochets, comparée à celle du 24, est plus grande de 200 m. pour le 36 liv., et plus courte de la même quantité pour l'obus de 0. 22. Ainsi encore, dans le cas du tir à ricochets sur l'eau, les avantages sont pour les projectiles animés des plus grandes vitesses, et ces derniers se classent sous ce rapport dans l'ordre suivant : 1° boulets de 36; 2° boulets de 24; 3° obus de 0. 22.

Quoi qu'il en soit, le tir à ricochets sur l'eau ne peut être employé que par un temps calme; la mer est-elle houleuse? il n'y a plus de ricochets possibles : les coups qui portent trop bas sont perdus, et ceux qui portent trop haut n'ont que la chance d'atteindre quelque partie du gréement.

PROJECTILES QUE DOIVENT POUVOIR LANCER LES CANONS A BOMBES.

Les canons à bombes destinés à la défense des côtes doivent pouvoir lancer des projectiles de différentes espèces suivant les circonstances :

1° Des bombes; c'est leur destination principale,

contre les vaisseaux de guerre pour en percer les bordages et faire de larges brèches si le projectile éclate après s'y être arrêté, ou pour allumer l'incendie, détruire les hommes et ravager le matériel, si le projectile, après avoir traversé le bordage, vient à éclater dans l'intérieur du navire. Un nombre très-restreint de projectiles creux faisant explosion dans l'une ou l'autre de ces circonstances, détermine ordinairement la perte d'un vaisseau.

2° Des mitrailles; on en fait usage lorsque les navires ennemis se présentent à bonne portée, lorsque leurs carcasses sont très-légères ou qu'un grand nombre d'hommes sont en vue. Ce tir sera efficace contre des troupes de débarquement, contre les chaloupes qui les transportent ou lorsqu'un navire de guerre, par sa proximité, pourra plonger dans la batterie.

En tirant contre le bâtiment alternativement à obus à la hauteur de la ligne de flottaison, et à mitrailles sur le pont, il suffira d'un petit nombre de coups pour le mettre à la raison. Ce genre de tir pourra aussi être employé dans le combat de deux navires dont l'un chercherait à aborder l'autre. Le pont et les parties supérieures du bâtiment agresseur devant se trouver remplis d'hommes pour l'abordage, la mitraille des canons à bombes devra en faire une grande exécution.

3° Des obus à balles (shrapnells); ce tir sera employé efficacement toutes les fois qu'aux distances qui dépassent la bonne portée des boîtes à balles, un grand nombre d'hommes à découvert, ou de grandes surfaces de voitures et d'agrès serviront de but. Ce sera un tir très-utile contre un débarquement. On conçoit aussi que des batteries flottantes amenées sur la côte ou sur un grand fleuve traversant une ville maritime, pourront prendre de revers les troupes ennemies qui s'approcheraient de la place, et que ces batteries pourront ainsi élargir la défense, et au besoin appuyer un camp retranché. Les batteries flottantes pourront également soutenir les mouvements d'une armée longeant un fleuve navigable ou les bords de la mer. Dans ces diverses circonstances, les troupes ennemies, sur lesquelles les batteries flottantes auront à tirer, pourront se trouver plus ou moins éloignées du rivage, et ce sera généralement le cas d'employer le tir des obus à balles.

4° Des boulets ; ce tir sera exceptionnel ; on ne pourra guère en faire usage qu'aux grandes distances, lorsque l'on voudra augmenter les portées ; dans ce cas, l'on pourrait tirer des boulets rouges, qui produiraient dans la charpente des navires des effets plus redoutables que ceux de 36 ou de 48. Enfin, comme circonstance exceptionnelle, le canon à bombes de 0. 20 pourrait entrer dans un équipage de siége et être empoyé pour le tir en brèche. Des boulets de 60 liv., lancés avec une charge de 5 kil. ou une vitesse de 410 m., produiront contre les murailles en maçonnerie des effets bien plus formidables que ceux de 24 tirés avec la charge de 4 ou même 6 kilogrammes.

LES CANONS A BOMBES DOIVENT ÊTRE CONSTRUITS SOLIDEMENT.

D'après ce qui précède, les canons à bombes doivent pouvoir lancer des projectiles aussi lourds que les boulets pleins; ils doivent donc être construits aussi solidement que des canons, pour la charge que l'on se propose d'employer.

L'ancienne dénomination de canon encampané serait préférable pour des bouches à feu destinées à lancer des projectiles aussi variés que les boulets, les shrapnells, les bombes et les boîtes à balles.

PROJECTILES QUE DOIVENT LANCER LES CANONS A BOMBES DE 0. 20 ET 0. 29.

Les bouches à feu dont nous projetons la construction auront une longueur d'âme de 2 m. 65 pour le canon à bombes de 0. 20, et 2 m. 70 pour celui de 0. 29, y compris la chambre. Les projectiles qu'elles sont destinées à lancer sont :

Avec le canon à bombes de 0. 20,

1° Des obus pesant 18 kil. 50;

2° Des shrapnells, des boîtes à balles ou des boulets pesant 28 kil. 50.

Avec le canon à bombes de 0. 29 ,

1° Des bombes pesant 57 kilogrammes.

2° Des boîtes à balles ou à grenades de même poids.

La détermination des vitesses initiales pour des bouches à feu qui n'ont pas encore été éprouvées ne peut se faire qu'approximativement. Nous n'indiquerons pas ici les divers moyens employés pour y parvenir. Qu'ils reposent sur la comparaison avec des pièces connues ou qu'ils résultent de l'application de certaines formules empiriques, ou d'une combinaison quelconque, ces moyens conduisent à peu près aux mêmes résultats.

CHARGES ADOPTÉES POUR LES CANONS A BOMBES PROPOSÉS.

Les charges de poudre que nous proposons et pour lesquelles nous construirons nos bouches à feu, sont de 5 kil. pour le canon à bombes de 0. 20, et de 10 kil. pour celui à bombes de 0. 29. Il en résulte que les vitesses initiales seront approximativement les suivantes :

VITESSES INITIALES QU'ELLES PROCURERONT.

1° Avec le canon à bombes de 0. 20,

500 m. pour le tir à obus;

410 m. pour le tir à shrapnells, à boîtes à balles ou à boulets.

2° Avec le canon à bombes de 0. 29,

410 m. avec les bombes et les autres projectiles de même poids.

L'ESPACE DANGEREUX PROPOSÉ COMME MOYEN ANALYTIQUE POUR JUGER DE LA JUSTESSE DU TIR.

Des expériences nombreuses peuvent seules déterminer les chances réelles de toucher un but, et encore celles-ci varient-elles suivant des circonstances qui souvent échappent à l'observation. A défaut d'expériences, la meilleure méthode analytique consisterait, suivant nous, à déterminer le plus ou moins de probabilité de toucher de deux bouches à feu, pour la comparaison de la grandeur des espaces dangereux pour des portées égales.

INCONVÉNIENTS DES FORMULES DE POISSON POUR LES TRAJECTOIRES RASANTES.

Si l'on emploie les formules de Poisson pour le tir surbaissé, il faudra avoir soin de prendre pour la valeur numérique du coefficient *n* celle relative à la vitesse moyenne des projectiles pour la partie de la trajectoire considérée. Mais les angles d'élévation qu'on en déduit pour une vitesse initiale donnée, étant généralement trop grands et d'autant plus grands que les portées auxquelles ils s'appliquent sont plus étendues, on est obligé de supposer que la vitesse initiale augmente en même temps que l'angle d'élévation. Telle a été la méthode suivie dans les rapports sur les expériences de Gavres. Les expériences électro-balistiques faites avec l'appareil de M. le capitaine Navez, ayant démontré, que pour les angles de tir qui ne dépassent pas 10 à 12 degrés, les vitesses initiales du canon de 6 liv. de campagne ne varient pas, il est à croire qu'il en est de même pour les autres bouches à feu, et qu'ainsi les formules du tir surbaissé, données par M. Poisson, ne peuvent être appliquées qu'au moyen de plusieurs hypothèses inadmissibles.

LES FORMULES DE DIDION SONT ÉGALEMENT EMPIRIQUES.

Le traité de balistique de M. le lieutenant-colonel Didion permet de résoudre tous les problèmes relatifs aux trajectoires. Un grand nombre d'expériences ont permis de déterminer avec beaucoup d'approximation les valeurs des principaux éléments qui entrent dans les nouvelles formules auxquelles parvient cet auteur. Remarquons cependant que, quels que soient nos chefs de doctrine, Poisson ou M. Didion, nous avons toujours à suivre des formules purement empiriques dans leurs applications; nous craindrions de trop nous écarter de la vérité, si nous exposions ici tous les résultats que donne le calcul des trajectoires des bouches à feu proposées, comparées à celles des pièces qu'elles doivent remplacer.

APPEL A L'EXPÉRIENCE SEULE POUR DÉTERMINER LA JUSTESSE DU TIR.

Il entre dans ces calculs trop d'éléments variables et hypothétiques, pour qu'ils puissent conduire à des chiffres certains. Nous nous bornerons à considérer les résultats généraux qui seront appréciables pour tout le monde, et nous en appellerons à l'expérience seule, pour déterminer avec certitude, le plus ou moins de justesse de tir.

COMPARAISON DU TIR DU CANON A BOMBES DE 0. 20 AVEC CELUI DU CANON A BOMBES DE 0. 22. SUPÉRIORITÉ DE LA PREMIÈRE PIÈCE.

On peut s'assurer que l'obus de 0. 20, lancé avec la vitesse initiale de 500 mètres, conservera à toutes les distances, jusqu'à celle de 1,600 m., une vitesse d'arrivée plus grande que l'obus de 0. 22 tiré avec la vitesse initiale de 358 mètres.

Il en résulte que la trajectoire de l'obus de 0. 20 sera plus rasante que celle de l'obus de 0. 22; que l'espace dangereux en sera plus considérable et que la chance d'atteindre sera notablement supérieure.

Dans le tir à boulets de 0. 20, comparé à celui à obus de 0. 22, les avantages du premier calibre sur le second sont encore plus considérables. Le boulet de 0. 20, partant avec la vitesse initiale de 410 m., conserve à toutes les distances une vitesse d'arrivée très-supérieure à celle de l'obus de 0. 22 et dont l'excès n'est pas moins de 40 pour cent aux distances de 1,000 et 1,600 m. La trajectoire du boulet de 0. 20 est plus rasante, l'espace dangereux plus considérable, et la chance de toucher plus grande que pour l'obus de 0. 22. Tous les avantages du tir sont donc pour le canon à bombes de 0. 20. Ils seraient encore bien plus prononcés si l'on comparait le tir à shrapnells de 0. 20 avec celui à shrapnells de 0. 22, ces derniers étant lancés avec la faible vitesse initiale que procure la charge de 3 kil. 50.

Les vitesses d'arrivée pour les projectiles lancés avec le canon à bombes de 0. 20 étant plus grandes, les pénétrations dans la charpente des navires seront plus considérables; celles-ci augmentant proportionnellement aux carrés des vitesses d'arrivée.

Le tir étant plus rasant pour le canon à bombes de 0. 20, les projectiles frapperont un but vertical sous un angle qui s'écartera moins de la normale à la surface, la composante de la vitesse suivant cette normale sera plus grande, et le projectile pénétrera plus profondément.

SUPÉRIORITÉ DE TIR DU CANON A BOMBES DE 0. 29 SUR CELUI DE 0. 27.

Si nous comparons actuellement le canon à bombes de 0. 29 tiré avec la vitesse initiale de 410 m., à celui de 0. 27 tiré avec la vitesse initiale de 323 m., nous trouvons des avantages analogues pour le premier de ces calibres. Vitesses d'arrivée plus grandes à toutes les distances, trajectoires plus rasantes; espaces dangereux beaucoup plus considérables, et par suite justesse du tir plus efficace et pénétrations plus profondes dans les bordages des navires, tels sont les avantages que présente le canon à bombes de 0. 29 sur celui de 0. 27, et que l'on peut vérifier par le calcul.

Avec le canon à bombes de 0. 29, la vitesse d'arrivée à la distance de 2,000 m. est à peu près égale à la plus grande vitesse que les bombes de ce calibre peuvent acquérir par leur chute dans l'air. Ainsi, jusqu'à cette limite de portée, les bombes lancées par la bouche à feu projetée produiront, en atteignant les navires, des effets aussi formidables que si elles tombaient sur des charpentes après avoir été lancées par des mortiers aux plus grandes distances.

AVANTAGES DES GRANDES VITESSES POUR LE TIR A SHRAPNELLS.

Les grandes vitesses sont des plus avantageuses dans le tir à shrapnells. Lorsque la vitesse du projectile au moment de l'éclatement est considérable, les balles sont animées d'une plus grande vitesse de translation, elles parcourent des trajectoires plus étendues et elles frappent avec plus de violence. Il en résulte, que le shrapnell peut éclater à une distance plus grande en avant du but, tandis que les balles pourront encore y arriver et produire des effets meurtriers. Cet avantage est très-grand, car à la guerre on se trompe facilement dans l'appréciation des distances; si l'on croit l'ennemi trop près, les balles des shrapnells tirés avec de faibles vitesses arriveront sans force ou n'arriveront pas du tout, tandis que si l'on croit l'ennemi plus éloigné qu'il ne l'est réellement, et si l'erreur dans l'appréciation de la distance est plus grande que l'espace en avant duquel le shrapnell doit éclater, il en résultera que l'éclatement aura lieu en arrière des troupes et ne produira aucun effet. Plus la vitesse du shrapnell sera considérable, plus grande sera la distance du but à laquelle on pourra le faire éclater et plus grandes seront les chances de produire de l'effet, en supposant une erreur donnée dans l'appréciation des distances.

POIDS ET EMPLOI DU CANON A BOMBES DE 0. 20.

En proposant les canons à bombes de 0. 20 et de 0. 29, notre but a été de remplacer avantageusement ceux actuels de 0. 22 et 0. 27. Pour le canon de 0. 20, nous avons adopté le poids de celui de 0. 22, 3,500 kil., comme point de départ ; en sorte qu'en conservant la même mobilité, nous avons créé une bouche à feu ayant une grande supériorité de tir. Le canon à bombes de 0. 20 formera la grande majorité des bouches à feu de côte : il pourra être transporté sur des navires de guerre, sur des batteries flottantes et même sur terre. Il sera très-efficace toutes les fois que les portées seront convenablement limitées par un coude de rivière, une sinuosité de la côte, un banc de sable, etc. ; en tous cas, ses portées seront aussi étendues, et son tir sera plus juste que ceux du canon à bombes de 0. 22.

DESTINATION DU CANON A BOMBES DE 0. 29.

Quant au canon à bombes de 0. 29, nous avons été guidé par cette pensée, que, toutes choses égales d'ailleurs, les gros calibres sont les plus redoutables ; que l'on ne peut les remplacer avantageusement par un plus grand nombre de bouches à feu de petits calibres ; qu'il importe d'avoir, pour la défense des côtes, des bouches à feu ayant les plus grandes portées, lançant les plus grosses bombes, parcourant les trajectoires les plus rasantes, afin que la chance de toucher aux plus grandes distances ne soit pas une affaire de hasard, et afin que les effets du projectile soient tellement formidables, qu'il suffise d'un seul ou d'un petit nombre de coups heureux pour déterminer la perte d'un navire. C'est avec de telles bouches à feu que l'on pourra lutter avantageusement contre des escadres ennemies. En effet, celles-ci peuvent généralement opposer, en très-peu de temps, des centaines de bouches à feu à une seule ou à un petit nombre de batteries de côte : il importe donc que celles-ci compensent, par la puissance du calibre et la justesse du tir, l'infériorité du nombre, et c'est avec d'autant plus de raison, qu'en détruisant, par exemple, un vaisseau de 100 canons, c'est autant de bouches à feu que l'on met hors de combat.

Avec le canon à bombes de 0. 29 tiré avec la forte charge de 10 kil., les escadres ennemies subiront des pertes notables avant d'avoir pris leurs dispositions pour le combat. Aux grandes distances, elles seront atteintes par les bombes sans pouvoir riposter, et aux distances ordinaires, le feu de cette grosse artillerie sera d'une efficacité victorieuse.

Les canons à bombes de 0. 29 seront utilement employés à la défense des passes, des détroits, des bras de mer, de certains fleuves. Nous nous contenterons de citer la Tamise, le Tage, les Dardanelles, le Zuyderzée, l'entrée du port de Toulon, etc.

POIDS DES DIFFÉRENTES BOUCHES A FEU DES PLUS GROS CALIBRES.

La pratique donne la limite du poids que l'on ne peut guère dépasser dans la construction des bouches à feu.

Le canon de 48 liv. pèse 5,300 kil. : il y en a encore en Belgique. La marine hollandaise se sert d'un canon de 60 liv. ayant le même poids. Les Prussiens ont un canon à bombes de 0. 29 pesant 5,900 kilogrammes.

L'histoire nous fournit des renseignements intéressants sur l'emploi des grosses bouches à feu.

Au siége de Malte en 1565, les Turcs avaient 50 canons de 80 liv. de balles; ils en avaient de 110 liv. au siége de Belgrade, longs de 25 p., qu'on chargeait de 25 liv. de poudre.

Louis XIV fit tous les siéges de Flandre avec des pièces de 33.

L'on a déjà employé sur les vaisseaux des canons de 48, dont les anciens modèles (les basilics) pesaient 13,000 livres.

L'on a coulé, sous l'Empire français, des mortiers à la Villantroys de 11° en bronze, qui, avec leurs affûts métalliques, pesaient 22,000 liv. et qui étaient commodément servis et manœuvrés par 8 canonniers.

Les anciens employaient volontiers des pièces d'un calibre énorme dans les places maritimes.

Les Portugais avaient placé au château de Saint-Giao, pour la défense de la barre de Lisbonne, une pièce de 22 pieds de longueur, pouvant lancer un boulet du poids de 100 livres.

A Malaga il y avait un serpentin qui tirait des boulets de 80 livres.

Le basilic de Malte (du calibre de 48) avait 24 calibres de longueur.

A Marseille, en 1524, il y avait un canon de 100 liv. de balles.

En général, au 16e siècle, les serpentins pesaient 140 quintaux, leurs boulets 80 liv., leurs charges 32 liv. ; leur longueur était de 31 calibres et leurs portées de 8,500 pas.

Les Turcs ont, aux châteaux des Dardanelles, des pièces de gros calibres. En 1807, un boulet de marbre du poids de 313 liv., lancé par une de ces pièces, atteignit un vaisseau anglais et le mit hors de combat.

Dans ces derniers temps on s'est occupé de l'introduction de très-grosses bouches à feu pour le service de l'artillerie. Nous nous contenterons de rappeler le mortier monstre de 0. 60, qui tira quelques coups au siége de la citadelle d'Anvers ;

le canon-obusier de 15° 3 anglais, pesant 18 tonnes, que l'on coula en Angleterre, en 1842, pour le pacha d'Égypte, enfin la colombiade, canon-obusier des États-Unis, du calibre de 12° et du poids de 25,000 livres.

Les exemples que nous venons de citer, principalement ceux de siéges, prouvent que le poids de 6,000 kil. n'est pas un obstacle pour les transports sur navires, ni pour le service des côtes. A plus forte raison pourrait-on employer actuellement des bouches à feu de ce poids, en considérant toutes les améliorations qui ont été introduites dans le matériel.

MOTIFS QUI ONT FAIT ABANDONNER LES GROS CANONS DE COTE.

A notre avis, les inconvénients qui ont fait abandonner les anciennes pièces des plus gros calibres sont les suivants :

1° Elles étaient pour la plupart en bronze ou en barres de fer forgées et cerclées. L'expérience a prouvé que les pièces de cette nature ne peuvent résister qu'à un petit nombre de coups quand elles sont d'un grand calibre.

2° Elles n'étaient guère redoutables pour les navires : ceux-ci n'ayant vraiment à craindre que les boulets rouges ou les bombes. Or, les anciens projectiles étaient ou de grès, qu'on n'était pas dans l'habitude de chauffer, ou ils étaient de fonte, et alors leur usage présentait tous les inconvénients qui depuis ont fait abandonner le tir à boulets rouges pour le remplacer par celui à bombes.

3° L'imperfection des affûts.

ADMISSIBILITÉ D'UN CANON A BOMBES DE 0. 29 PESANT 6,300 KILOGRAMMES, ET CONVENANCE DE SON SERVICE.

Après avoir établi que le poids de 6,000 kil. pour la bouche à feu du plus gros calibre, loin d'être un obstacle insurmontable dans le service, a été employé même dans des cas où la mobilité était une condition essentielle, nous dirons que le canon à bombes de 0. 29 que nous proposons pèsera à peu près autant : 6,300 kilogrammes.

Quant à la difficulté que pourrait présenter le chargement d'une bouche à feu d'un aussi gros calibre, nous ferons remarquer que le canon à bombes de 0. 27, qui est en usage, a un projectile qui pèse déjà 46 kil., et que l'on a essayé au polygone de Braesschaet un canon à bombes de 0. 29, proposé par M. le général Timmerhans comme bouche à feu pour la défense des places. Le service de cette bouche à feu n'a présenté aucune difficulté sérieuse. Enfin, nous rappellerons que les Prussiens ont aussi un canon à bombes de 0. 29. Mais comme il n'est destiné à tirer qu'avec la faible charge du dixième du poids du projectile (6 kil.), nous croyons inutile de faire ressortir la supériorité que possédera notre canon à bombes de même calibre tirant avec la charge au sixième ou 10 kil. de poudre.

Tracés des bouches à feu projetées.

DÉSIGNATION.	CANONS A BOMBES DE 0. 20	CANONS A BOMBES DE 0. 29
Diamètre de l'âme (celui des tables)	0 m. 2014	0 m. 2914
Fond hémisphérique, raccordé avec la chambre par un arc de cercle tangent aux deux génératrices (voir le dessin pour la construction)		
Diamètre de la chambre (fond hémisphérique)	0. 1700	0. 2300
Longueur de la chambre, y compris le fond hémisphérique	0. 3000	0. 5457
Longueur totale de l'âme, depuis la tranche jusqu'au fond de la chambre	2. 6500	2. 7000
Diamètres extérieurs — minimum au pourtour de la chambre	0. 6000	0. 8120
Diamètres extérieurs — au commencement du 1er renfort	0. 6260	0. 8150
Diamètres extérieurs — à la fin du 1er renfort	0. 5700	0. 7280
Diamètres extérieurs — à la fin du 2e renfort ou commencement de la volée	0. 4150	0. 5680
Diamètres extérieurs — au collet de la volée	0. 3600	0. 5300
Diamètres extérieurs — au plus grand renflement du bourrelet	0. 4800	0. 6500
Culasse hémisphérique concentrique avec le fond de la chambre. Courbure raccordée par un tronc de cône avec le pourtour de la chambre. Rayon de courbure.	0. 3000	0. 4060
Le 1er renfort commençant avec la partie cylindrique de l'âme.		
Longueur du 1er renfort	0. 4700	0. 3750
Id. du 2e renfort	0. 7240	0. 6880
Id. de la volée jusqu'au collet	0. 8553	0. 8413
Id. du bourrelet, à partir du collet	0. 2000	0. 2500
Abaissement de l'axe des tourillons	0. 0300	0. 0300
Distance de l'axe des tourillons à la tranche	1. 6620	1. 7440
Diamètre du tourillon	0. 1800	0. 2530
Longueur du tourillon	0. 1500	0. 2000
Diamètre de l'embase	0. 2200	0. 2950
Diamètre du collet du bouton de culasse	0. 1500	0. 2550
Hauteur de la visière	0. 4500	0. 1050
Angle de mire	0°	0°
Poids de la pièce	3,500 k.	6,300 k.
Prépondérance	325	500

Il n'entre pas dans notre plan de faire ici le mémoire de construction des pièces projetées. Nous ferons seulement remarquer que le canon à bombes de 0. 20, par ses épaisseurs qui surpassent celles ordinaires des canons à bombes, aura une résistance suffisante pour tirer les projectiles les plus variés avec la charge de 5 kil. Nous en avons d'ailleurs calculé toutes les dimensions.

Quant au canon à bombes de 0. 29, que nous destinons uniquement au tir des bombes, ses épaisseurs sont nécessairement plus faibles relativement à la première pièce. Nous avons plusieurs moyens de les justifier. Nous nous bornerons à indiquer les résultats du calcul de l'épaisseur maximum, d'après la méthode de M. le général Timmerhans.

DÉTERMINATION DE L'ÉPAISSEUR MAXIMUM DU CANON A BOMBES DE 0. 29 PAR LA THÉORIE DE M. LE GÉNÉRAL TIMMERHANS.

Les bouches à feu qui ont été construites en Belgique, d'après les tracés de M. le général Timmerhans, ont parfaitement résisté au tir avec les charges que leur avait assignées leur auteur. Ce résultat prouve la bonté de la théorie de M. Timmerhans.

Nous avons pris le canon de 36 comme pièce de comparaison. Nos motifs sont que, de toutes les bouches à feu de gros calibre tirant à forte charge, cette pièce est la plus légère relativement au poids du projectile. La bonté de la construction de ce canon a d'ailleurs été reconnue par un long service.

D'après l'ouvrage de M. Timmerhans, si l'on représente par :

V, la vitesse du projectile en un lieu quelconque de l'âme;

V, le volume du vide que laisse le projectile derrière lui, on aura généralement :

$$V = \alpha V^{n}$$

Le facteur n doit se déterminer d'après les résultats suivants des expériences de Hutton :

VALEUR du POIDS DE LA CHARGE en fonction de celui du projectile.		Valeur de n.
	0. 125	0. 2105
	0. 250	0. 2316
	0. 375	0. 2548
	0. 500	0. 2803
	1. 000	0. 4106

La charge de poudre du canon de 36 étant le tiers, et celle du canon à bombes étant le sixième du poids du projectile (la bombe étant chargée), nous avons trouvé les valeurs de n par interpolation.

Nous avons supposé que le boulet de 36 s'est déplacé d'un demi-calibre lorsque la tension des gaz est arrivée à son maximum. Nous renvoyons à l'ouvrage de M. le général Timmerhans pour les explications relatives à sa théorie.

Il résulte de notre calcul, que l'épaisseur maximum du canon à bombes de 0. 29, à la naissance du raccordement, déduite de celle du canon de 36, devrait être de 0. 249 au lieu de 0. 2618 que nous lui avons donnée.

Nous avons fait un calcul semblable en prenant le canon à bombes de 8° pour terme de comparaison : mais nous avons supposé pour cette pièce que la tension maximum des gaz avait lieu quand le projectile s'était déplacé d'un rayon. Il est d'ailleurs reconnu que le canon à bombes de 8° a des épaisseurs très-fortes ; celles qu'on déduit par voie de comparaison pour le canon à bombes de 0. 29, sont de 0 m. 0318 plus faibles que celles que nous avons adoptées.

Le canon de 36, que nous avons pris comme pièce type pour notre tracé, nous a conduit à un canon à bombes solide et par trop lourd relativement à la charge de 10 kil. Ces propriétés sont naturellement résultées de celles que possédait le canon de 36 lui-même.

On trouvera tous les résultats des calculs dans les deux tableaux qui suivent :

FORCE MOTRICE MAXIMUM, TENSION MAXIMUM DES GAZ, ETC.	BOUCHES A FEU		OBSERVATIONS.
	CANON de 36, pièce de comparaison	CANON à bombes de 0. 29	
Tir......	BOULET 18 k.	BOMBES chargées, 60 k.	
Charges..	6 k.	10 k.	
Vitesse du projectile au sortir de la bouche à feu (décimèt.).	5200	4100	FORMULES $V = \alpha V^n$ (1) Force accélératrice : $\varphi = n \alpha^2 V^{2n-1}$ (2) Pour trouver le déplacement initial du canon à bombes par comparaison avec celui de 36 liv., soient : x, le déplacement initial du boulet de 36 liv.; v, la vitesse du boulet de 36 livres après son déplacement initial; x, le déplacement initial cherché de la bombe de 0. 29; V, la vitesse de la bombe après son déplacement initial; x, on doit avoir : $\frac{x}{x_{,}} = \frac{v^2}{v_{,}^2}$ (3) x et v, se déterminent par approximations successives, au moyen des équations (1) et (3).
Diamètre de l'âme.....Id....	1.75	2.914	
Aire de la section de l'âme (décimètres carrés)...........	2.40	6.67	
Volume du vide intérieur (décimètres cubes)...........	65.35	165.9	
Volume de la chambre (Id.)...		16.00	
Volume de la charge, la densité de la poudre étant 0.9 (Id.).	6.67	11.11	
Volume en arrière du projectile avant son déplacement (Id.).	6.67	16.00	
Espace initial parcouru par le projectile (décimètres).....	1.75	1.15	
Volume en arrière du projectile lors de la tension maximum des gaz (déc. cubes)..	10.87	23.67	
Valeur du coefficient n.......	0.247	0.2175	
Id. α....	18.52	1348.9	
Vitesse du projectile après son déplacement, lorsque les gaz ont atteint leur tension maximum (décimètres).........	3339	2684	
Nombre proportionnel à la force accélératrice maximum.....	102198	66210	
Valeur de la pesanteur terrestre (décimètres)...........	98.09	98.09	
Nombre proportionnel de la force motrice maximum....	18754	40500	
Aire du grand cercle du projectile (décim. carrés)......	2.261	6.520	
Nombre proportionnel à la tension maximum des gaz.....	8298	6203	
Épaisseur maximum (décim.)..	2.00	2.49	

FORCE MOTRICE MAXIMUM, TENSION MAXIMUM DES GAZ, ETC., ETC.	BOUCHES A FEU.	
	CANON à bombes de 8° : pièce de comparaison.	CANON à bombes de 0. 29.
TIR........	BOMBES chargées, 27 k.	BOMBES chargées, 60 k.
CHARGES....	3 k. 5	10 k.
Vitesse du projectile au sortir de la bouche à feu.....	3580	4100
Diamètre de l'âme................................	2, 23	2, 914
Aire de la section de l'âme........................	3. 904	6. 67
Volume du vide intérieur..........................	93. 89	165, 9
Volume en arrière du projectile avant son déplacement.	8. 74	46
Espace initial parcouru par le projectile............	1. 101	1. 48
Volume en arrière du projectile après son déplacement initial	16. 038	25. 8716
Valeur du coefficient n	0. 2117	0. 2175
Id. α....................................	1368. 6	1648. 9
Vitesse du projectile après son déplacement initial...	2357	2737
Nombre proportionnel à la force motrice maximum...	24. 831	38. 518
Id. à la force accélératrice maximum.	90. 210	62. 971
Aire du grand cercle du projectile..................	3. 806	6. 529
Nombre proportionnel à la tension maximum des gaz.	6524	5900
Epaisseur maximum................................	1. 95	2. 304

FIN.

LAGNY. — Imprimerie de VIALAT et Cie.

Coquilhat — Projets de deux Canons à bombe.

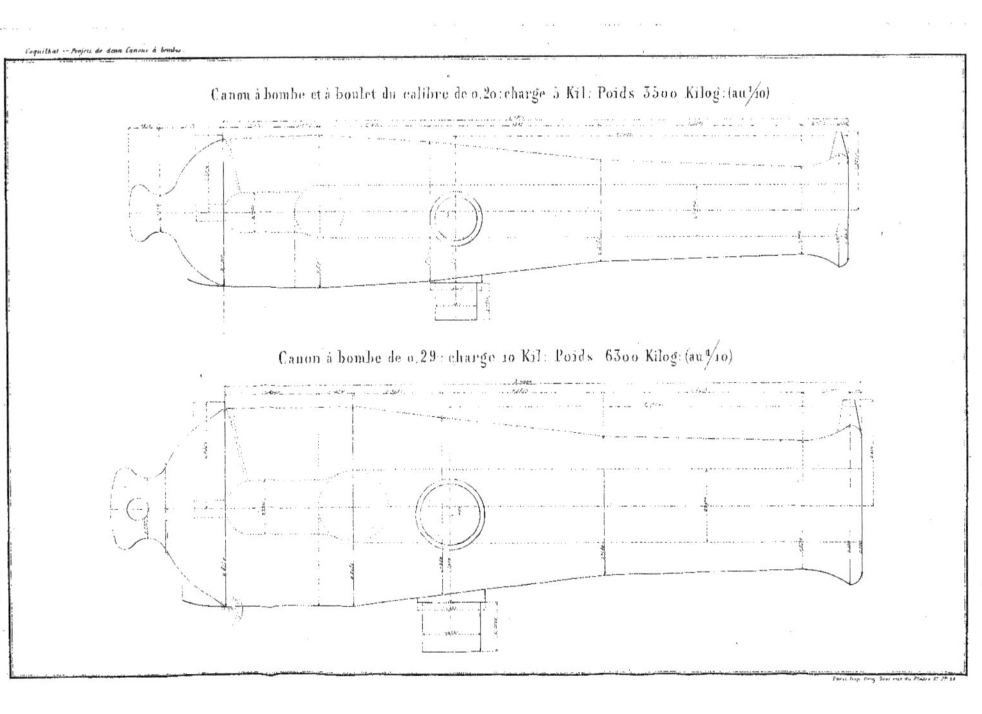

LIBRAIRIE

MILITAIRE, MARITIME

ET

POLYTECHNIQUE.

J. CORRÉARD,

LIBRAIRE-ÉDITEUR ET LIBRAIRE-COMMISSIONNAIRE.

PARIS,

1, RUE CHRISTINE DAUPHINE,

Près le Pont-Neuf.

1854.

A Messieurs les Officiers de l'armée.

Messieurs,

J'ai l'honneur de vous adresser le Catalogue des livres militaires dont je suis éditeur. Je pense que l'utilité de ces publications vous déterminera à fixer votre choix sur quelques-uns de ces ouvrages, et pour vous en faciliter l'acquisition je viens vous les offrir :

à 12 mois de crédit pour les commandes au-dessus de 100 fr.
à 6 mois. . . . . . . id. . . . . au-dessus de 50 fr.
à 3 mois. . . . . . . id. . . . . au-dessus de 25 fr.

à la condition que le prix total de ces commandes sera payable par fractions de 25 fr. au moins par trimestre, et en cas d'absence, *sur la caisse du Trésorier.*

Je profiterai de cette occasion pour vous rappeler, Messieurs, que j'édite tous les ouvrages relatifs à l'art et à la science militaires. Si vous aviez quelque traité ou mémoire que vous voulussiez publier, je vous prierais de m'en adresser le manuscrit par la diligence; et, après en avoir pris connaissance, j'aurais l'honneur de vous faire mes propositions.

Veuillez agréer, Messieurs, l'hommage de la haute estime et de l'entier dévouement avec lesquels j'ai l'honneur d'être, votre très-humble et très-obéissant serviteur.

J. CORRÉARD,

ancien ingénieur.

Nota. — J'ai l'honneur de faire à MM. les Officiers mes offres de service pour tous les livres dont ils pourraient avoir besoin; je les leur procurerai, mais à condition qu'ils m'autoriseront, pour tous les ouvrages militaires, ou autres, dont je ne suis pas l'éditeur, à tirer sur eux, à *quatre-vingt-dix jours* de date, à partir du jour de l'envoi.

Les lettres et paquets doivent être adressés francs de port.

CATALOGUE

DE

LIVRES MILITAIRES

PUBLIÉS PAR J. CORRÉARD,

Ancien Ingénieur.

ALLIX (Lieutenant général). Sur l'Ordonnance relative au personnel de l'artillerie, in-8, 1832. 1 fr. 25

ANDRÉOSSY (le comte), lieutenant général. Opérations des pontonniers français en Italie pendant les campagnes de 1795 à 1797, et Reconnaissance des fleuves et rivières de ce pays, avec planches, 1 vol. in-8, 1843. 7 fr. 50

APERÇU HISTORIQUE ET CRITIQUE sur le Ministère de la guerre du royaume de France, in-8, 1832. 1 fr. 25

ARCY (le chevalier d'), membre de l'Académie royale des sciences. Mémoire sur la théorie de l'Artillerie ou sur les effets de la poudre et sur les conséquences qui en résultent par rapport aux armes à feu, avec planche, in-8, 1846. 2 fr. 75

ARMÉE et le PHALANSTÈRE (l'), ou lettre d'un sabre inintelligent à une plume infaillible, in-8, 1846. 2 fr. 50

ARTILLERIE A CHEVAL (l') dans les combats de cavalerie. Opinion d'un officier de l'artillerie prussienne. in-8, 1840. 2 fr. 75

AUGOYAT, lieutenant-colonel du génie. Mémoires inédits du maréchal de Vauban sur Landau, Luxembourg et divers sujets, extraits des papiers des ingénieurs Hüe de Caligny, et précédés d'une notice historique sur ces ingénieurs, siècles de Louis XIV et de Louis XV, 1 vol. in-8, 1841. 7 fr. 50

ARTILLERIE NOUVELLE (1850), ou Considérations sur les progrès récents faits dans l'art de lancer les projectiles, par M. ****, capit. d'artillerie, in-8, 1850. 2 fr.

BARDIN (général). Notice historique sur Guibert (Jacques-Antoine-Hippolyte comte de), in-8, 1836. 2 fr.

BARDIN (le général baron). Dictionnaire de l'Armée de terre, ou Recherches historiques sur l'art et les usages militaires des anciens et des modernes. Ce grand ouvrage est entièrement terminé. *Il forme une Bibliothèque complète de la science des armes.* Il est composé de 5,337 pages de texte formant 4 volumes de 15 à 1400 pages chacun. 1851. 119 fr.

Depuis que cet ouvrage remarquable est en vente, sa haute valeur scientifique et littéraire a pu être appréciée. On se bornera donc à répéter qu'il a obtenu le suffrage officiel de M. le Ministre de la Guerre, qui par une Circulaire du 26 février 1851, l'a signalé comme étant *le fruit de longs et consciencieux travaux d'un officier général qui a laissé de beaux souvenirs dans l'armée, et comme pouvant être utile aux officiers et sous-officiers qui s'occupent d'études sérieuses sur l'art militaire et sur l'administration*;—enfin que M. le Ministre a autorisé les conseils d'administration à en faire l'acquisition.

BIRAGO (le chevalier de), major au grand état-major général autrichien. Recherches sur les Equipages de ponts militaires en Europe, et Essai sur tout ce qui a rapport à l'amélioration de ce service. Traduit de l'allemand par Tiby, capitaine d'artillerie, avec 4 planches, 1 vol. in-8, 1845. 7 fr. 50

—BARAULT, ROULLON. Questions générales sur le Recrutement de l'armée. Mémoire à consulter, faisant suite aux Essais sur l'organisation de la force publique, présenté à S. M. l'Empereur Napoléon III, 1854, in-8. 2 fr. 50

BLANCH (Luigi). De la Science militaire considérée dans ses rapports, avec les autres sciences et avec le système social.

BLESSON (Louis). Esquisse historique de l'art de la fortification permanente, traduite de l'allemand par Ed. de la Barre Duparcq, capitaine du génie, 1 vol. in-8, avec planches, 1849. 5 fr.

BLOIS (de), capitaine d'artillerie. Traité des Bombardements, Guerre des Siéges. 1 vol. in-8, avec plans, 1848. 7 fr. 50

—Bombardement de Schweidnitz par les Français, en 1807, in-8, avec plans, 1849. 2 fr. 50 cs

BONNAFONT. Nouveau projet de réforme, à introduire dans le recrutement de l'armée.

ainsi que dans les pensions des veuves des militaires, in-8, 1850. 2 fr.

BORDA (le chevalier de), membre de l'Académie des sciences. Mémoire sur la Courbe décrite par les boulets et les bombes en ayant égard à la résistance de l'air, avec planche, in-8, 1846. 3 fr.

BORMANN, lieutenant-colonel d'artillerie, attaché à la maison militaire de S. M. le roi des Belges. Expériences sur les Shrapnels. Nouveaux développements sur les résultats obtenus en Belgique, in-8, avec planches, 1848. 3 fr. 50

BORN, colonel d'artillerie. Notice historique sur les Ponts militaires depuis les temps les plus reculés jusqu'à nos jours, 1 vol. in-8, 1838. 5 fr.

—Relation des Opérations de l'artillerie française, en 1823, au siége de Pampelune, et devant Saint-Sébastien et Lerida, suivie d'une Notice sur les opérations de l'artillerie dans la vallée d'Urgel en 1823, in-8, 1835. 4 fr.

BOUDIN (J.-Ch.-M.). Etudes d'Hygiène publique sur l'état sanitaire, les maladies et la mortalité des armées de terre et de mer. 1846. In-8. 5 fr. 75

BRADDOCK. Mémoire sur la Fabrication de la poudre à canon, traduit de l'anglais, et accompagné de notes et remarques par Gabriel Salvador, capitaine d'artillerie, 1 vol. in-8, 1848. 5 fr.

BREITHAUPT (lieutenant-colonel). Leçons sur la théorie de l'Artillerie, destinées aux officiers de toutes armes. Traduit de l'allemand par le général baron Ravichio de Peretsdorf, 1 vol. in-8, avec planches, 1842. 7 fr. 50

BRUSSEL DE BRULAND, ancien officier supérieur d'artillerie. Mémoire sur les fusées de guerre, fabriquées à Hambourg en 1813 et 1814, et à Vincennes en 1815. 1 v. in-8, avec atlas in-fol. 15 fr.

BURG, capitaine d'artillerie, professeur à l'École royale du génie et d'artillerie de Prusse. Traité de Dessin géométrique ou Exposition complète de l'art du dessin linéaire de la construction des ombres et du lavis, à l'usage des industriels, des savants et de ceux qui veulent s'instruire sans le secours de maîtres, 2 vol. in-4 dont un de 30 planch., 1847. 25 fr.

—Traité du dessin et lever du matériel de l'artillerie, ou application du dessin géométrique à la représentation graphique des bouches à feu, voitures, machines, etc., en usage dans l'artillerie, 2e édit. revue et augmentée, traduit par Rieffel, professeur de sciences appliquées à l'Ecole d'artillerie de Vincennes, 1 vol. in-8, Atlas. 1848. 30 fr.

CANITZ (le baron de) Histoire des Exploits et des Vicissitudes de la cavalerie prussienne dans les campagnes de Frédéric II. Traduit de l'allemand. 1 vol. in-8. 4 fr.

CARRÉ. Expériences physiques sur la Réfraction des balles de mousquet dans l'eau et sur la résistance de ce fluide, in-8, avec planche, 1846. 2 fr. 50

CAVALLI (J.), major d'artillerie de Sa Majesté sarde. Mémoire sur les Equipages de ponts militaires, 1 vol. in-8, avec 10 planches, 1843. 7 fr. 50

—Mémoire sur les canons se chargeant par la culasse, sur les canons rayés et sur leur application à la défense des places et des côtes, 1 vol. in-8, avec atlas in-fol., 1849. 15 fr.

CHAMBERET (De), chef d'escadron d'état-major, ancien aide de camp du grand chancelier de la Légion d'honneur. Manuel du Légionnaire ou Recueil des principaux décrets, lois, ordonnances, etc. relatifs à l'ordre de la Légion d'honneur depuis l'époque de sa création jusqu'à nos jours; précédé d'un Précis historique sur la Légion d'honneur, et suivi des décrets sur les maisons d'éducation de l'Ordre, sur l'institution de la médaille militaire, sur les secours annuels et viagers accordés aux anciens militaires de la République et de l'Empire, et sur les ordres étrangers.

Cet ouvrage se termine par un formulaire de toutes les demandes que l'on peut avoir à adresser au grand chancelier de la Légion d'honneur, soit pour l'admission d'une fille à Saint-Denis, soit pour l'obtention d'un secours viager, d'une gratification comme Légionnaire, etc., etc.

Seconde édition considérablement augmentée. 1 vol. in-8° broché : 5 fr. ; cartonné : 6 fr. ; relié en chagrin et filets d'or : 7 fr. 50 c.

CHARLES (le prince). Principes de la grande guerre, suivis d'exemples tactiques raisonnés de leur application, à l'usage des généraux de l'armée autrichienne. Publication officielle traduite de l'allemand, par Ed. de La Barre Duparcq, capitaine du génie, professeur d'art militaire à l'Ecole spéciale militaire de St-Cyr, in-fol. jésus avec 25 cartes coloriées avec le plus grand soin. 1851. 125 fr.

CHEVALIER. Des Effets de la poudre à canon, principalement dans les mines, in-8, 1846. 2 fr.

CHOUMARA (Th.), ingénieur militaire, ancien élève de l'Ecole polytechnique. Considérations militaires sur les Mémoires du maréchal Suchet et sur la bataille de Toulouse; deuxième édition, augmentée de la correspondance entre un ingénieur militaire français et le duc de Wellington sur cette bataille, 2 vol. in-8, avec plan, 1840. 9 fr.

CLAUSEWITZ (le général Charles de). De la Guerre, publication posthume, traduite de l'allemand, par le major d'artillerie Neuens, 3 vol. in-8, en 6 parties. 1852. 30 fr.

CLONARD (le comte de), utilité d'écrire l'histoire des régiments de l'armée, opuscule suivi de l'histoire du régiment de Jaën,

Traduction de l'Espagnol par Ed. de La Barre Duparcq. in-8. 1851. 4 fr.

COLLECTION de Plans généraux d'ensemble et de détail, représentant les bâtiments, machines, appareils et outils actuellement employés dans les fonderies de la marine royale à Ruelle et Saint-Gervais. Publication faite avec l'autorisation du ministre de la marine et des colonies, atlas grand in-fol. 1842. 30 fr.

COOPER (J.-F.). Histoire de la Marine des Etats-Unis d'Amérique. Traduit de l'anglais par Paul Jessé, avec plans, 2 vol. in-8, en quatre parties, 1845 et 1846. 23 fr.

COQUILHAT, capitaine d'artillerie. Expériences sur la résistance produite dans le forage des bouches à feu faites à la fonderie de canons, à Liége, en 1840 et 1841. in-8, avec planches, 1843. 3 fr. 50

— De la Quantité de travail absorbée par les frottements dans le forage des bouches à feu à la fonderie royale de canons de Liége, in-8, 1847. 1 fr. 50

— Expérience sur la résistance utile produite dans le forage du fer forgé, de la pierre calcaire et du grès ainsi que dans le forage et le sciage du bois, faites à Tournay, en 1848 et 1849. br. in-8, 1850: 3 fr. 50

— Expériences faites à Ypres, en 1850, sur la pénétration dans les terres de sondes en fer enfoncées par les chocs d'un bélier et application des fourneaux de mines cylindriques et horizontaux à l'ouverture des tranchées, in-8 avec pl. 1851. 3 fr.

CORDA (le baron). Mémoires sur le Service de l'artillerie, spécialement sur le meilleur mode de chargement des bouches à feu, avec planches, 1 vol. in-8, 1845. 7 fr. 50

CORNULIER (M.-E.), lieutenant de vaisseau. Mémoires sur le Pointage des mortiers à la mer, et sur les améliorations du système des hausses marines, avec planches, broch. in-8, 1841. 3 fr.

— Propositions et Expériences relatives au pointage des bouches à feu en usage dans l'artillerie navale, avec planches, 1 vol. in-8, 1843. 7 fr. 50

CORRÉARD (J.), ancien ingénieur. Annuaire des armées de terre et de mer. Cet ouvrage embrasse complétement l'histoire des armées françaises et étrangères et présente des notions étendues sur toutes les armées du monde, 1 vol. in-8 de 500 pages, avec planches, 1836. 7 fr. 50

— Recueil de Documents sur l'expédition de Constantine par les Français, en 1837, pour servir à l'histoire de cette campagne, 1 vol. in-8, avec atlas in-folio. 1838. 15 fr.

— Histoire des Fusées de guerre, ou recueil de tout ce qui a été publié ou écrit sur ce projectile, suivie de la description et de l'emploi des obus à mitraille dits Shrapnels, et des balles incendiaires, 1er vol. in-8, avec atlas, 1841. 15 fr.

— Recueil sur les Reconnaissances militaires, d'après les auteurs les plus estimés, formant un Traité complet sur la matière, 1 vol. in-8, et atlas, 1845. 15 fr.

— Géographie militaire de l'Italie, d'après le colonel Rudtorffer et Unger, avec une carte, 1 vol. gr. in-8, 1848. 2 fr. 50

— Carte des agrandissements de la Russie depuis Pierre-Le-Grand jusqu'à ce jour avec le testament de ce Monarque et une légende explicative composée du Tableau chronologique des guerres, conventions et traités avec les différents États, et qui ont servi à l'agrandissement de la Russie pendant 170 ans. de 1684 à 1854. Une feuille in-plano coloriée. 1854. 1 fr. 50

— collée sur toile : 3 fr.

— Première carte du Théâtre de la guerre en Orient (Turquie d'Europe). Une feuille in-plano colombier, coloriée, avec une notice sur les forces des armées de terre et de mer russes et turques. Troisième édition, augmenté d'une notice sur Omer-Pacha. 1854. 1 fr.

— collée sur toile : 2 fr. 50

— Deuxième carte du Théâtre de la guerre en Orient (Russie et Turquie d'Asie) Comprenant toute la mer Noire, le Caucasse, la Circassie, la Géorgie et la plus grande partie de la mer Caspienne ; avec une notice sur la Turquie d'Asie, une appréciation des armées russes et turques, des recherches historiques sur les Cosaques, sur la guerre du Caucase et sur SCHAMYL. Une feuille in-plano colombier, coloriée 1854. 1 fr. 50

— collé sur toile : 3 fr.

NOTA. — Ces trois cartes sont indispensables à toutes les personnes que préoccupe la question d'Orient, et elles ont été dressées pour l'intelligence des opérations militaires en Europe et en Asie.

COURS sur le Service des officiers d'artillerie dans les fonderies, approuvé par le ministre secrétaire d'Etat de la guerre, le 16 octobre 1839, 1 vol. in-8, et atlas, 1841. 15 fr.

COURS sur le Service des officiers d'artillerie dans les forges, approuvé par le ministre de la guerre, le 3 août 1837, deuxième édition, revue et considérablement augmentée, 1 vol. in-8, et atlas, 1846. 15 fr.

COYNART (de). Transport d'une armée russe sur les bords du Rhin, par les chemins de fer de Czenstochow à Cologne, in-8, 1850. 2 f.

DAMITZ (le baron), officier prussien. Histoire de la Campagne de 1815, pour faire suite à l'histoire des guerres des temps modernes, d'après les documents du général Grolman, quartier-maître général de l'armée prussienne, en 1815, avec plans, 2 vol. in-8, 1842. 25 fr.

DAVIDOFF (Denis), général. Essai sur la Guerre de partisans, traduit du russe par le comte Héraclius de Polignac, colonel du 25e léger; et précédé d'une Notice biographique sur l'auteur, par le général de Brack, commandant l'Ecole de cavalerie à

Saumur, 1 vol. in-8, 1841. 6 fr.

DECKER. Rassemblement, campement et grandes manœuvres de troupes russes et prussiennes, réunies à Kalisch pendant l'été de 1835, avec plans, suivi de deux notes supplémentaires sur le camp de Krasnoïe-Selo, et l'autre sur la nouvelle organisation de l'armée russe, traduit par Haillot, capitaine d'artillerie, broch. in-8, 1836. 5 fr. 75

—Batailles et principaux combats de la guerre de Sept-ans, considérés principalement sous le rapport de l'emploi de l'artillerie avec les autres armes, revu, augmenté, et accompagné d'observations par J. H. Le Bourg, chef d'escadron au 7e régiment d'artillerie, 1 v. in-8 et atlas in-4, 1839 et 1840. 22 f. 50

—Supplément à la troisième édition de la Petite guerre, in-8, 1840. 2 fr. 75

—De la Petite guerre selon l'esprit de la stratégie moderne, traduit de l'allemand, par L.-A. Unger, avec planches, 1 vol. in-12, 1845. 6 fr.

—Expériences sur les Shrapnels faites chez la plupart des puissances de l'Europe, accompagnées d'observations sur l'emploi de ce projectile. Ouvrage traduit de l'allemand et notablement augmenté par Terquem, professeur aux écoles royales d'artillerie, bibliothécaire du dépôt central d'artillerie et Favé, capitaine d'artillerie, 1 vol. in-8, avec quatre planches, 1847. 8 fr.

—Les trois armes ou Tactique divisionnaire, traduit en français sur la traduction anglaise du major J. Jones, et annoté par A. Demanne, capitaine d'artillerie, in-8. 1851. 4 fr.

DELAMARE, officier au bataillon des gardes marine. Carte militaire de l'Italie, 1848, 1 feuille sur jésus color. 1 fr. 50. Collée sur toile, avec étui. 3 fr.

DEL CAMPO DIT CAMP (W.-J.), capitaine du génie au service de S. M. le Roi des Pays-Bas. Mémoire sur la Fortification, contenant l'indication et le développement de moyens efficaces de défense, 1 vol. in-8, avec planches, 1840. 7 fr. 50

— Deuxième mémoire sur la fortification, contenant l'analyse de la dépense d'exécution, et le projet d'attaque d'un front bastionné à murailles isolées, d'après les idées développées dans le premier mémoire. in-8. et atlas. 1850. 15 fr.

DELPRAT (J.P.), major dans le corps du génie hollandais. Théorie de la Poussée des terres contre les murs de revêtement, in-8, avec planches, 1846. 5 fr. 50

DELVIGNE (Gustave). De la Création et de l'emploi de la force armée, 1 vol. in-12, 1848. 75 c.

DES DÉFAUTS ET DES QUALITÉS de l'ordonnance sur l'Exercice de l'Infanterie, publiée, le 4 mars 1831, par un général d'infanterie, in-8, 1832. 1 fr. 25

D'HERBELOT, chef d'escadron d'artillerie. Industrie militaire, in-8, 1850. 2 fr.

DOCUMENTS relatifs au Coton détonant, in-8. 1847. 3 fr. 50

DOCUMENTS relatifs à l'emploi de l'Electricité, pour mettre le feu aux fourneaux des mines, et à la démolition des navires sous l'eau, broch. in-8, avec planche, 1841. 3 fr.

DOCUMENTS relatifs à l'Organisation de l'académie royale militaire de Turin. In-8, 1843. 5 fr.

DOCUMENTS relatifs aux campagnes en France et sur le Rhin, pendant les années 1792 et 1793. 1 vol. in-8. 1848. 5 fr.

DOUGLAS. Traité d'Artillerie navale, trad. de la 3e partie, par F. Blaise, in-8. 7 fr. 50

DUBOURG (général). Sommaire d'un Plan de colonisation du royaume d'Alger. In-8, 1836. 1 fr. 50

—Organisation défensive de la France. In-8, 1841. 2 fr. 75

— Sur l'Inscription maritime. Son illégalité, ses vices et les entraves qu'elle met au développement de la marine marchande et du commerce maritime. In-8. 2 fr.

—Les Principes de l'organisation de la marine de guerre, suivis de vues nouvelles sur la restauration du commerce maritime de la France. 1 vol. in-8o. 1848. 6 fr.

DUCASSE, capitaine d'état-major. Précis historique des Opérations de l'armée de Lyon, en 1814, 1 vol. in-8, 1849. 6 fr.

— Opérations du neuvième corps de la grande armée en Silésie sous le commandement en chef de S. A. I. le prince Jérôme Napoléon (1806 et 1807), 2 vol. in-8 avec atlas, in-fo. 1851. 18 fr.

—Mémoires pour servir à l'histoire de 1812, suivis des lettres de l'Empereur au Roi de Westphalie, en 1813. 1 vol. in-8, avec carte, 1852. 7 fr.

DU HAMEL. Expériences sur quelques Effets de la poudre à canon, in-8, avec planches, 1846. 2 fr. 50

DUPUGET. De la Construction des batteries dans la pratique de la guerre, avec une notice de M. Favé. In-8, 1846. 2 fr.

DUSAERT (Edouard), capitaine d'artillerie. Essai sur les Obusiers, 1 vol. in-8, 1843. 7 fr. 50

ESPIARD DE COLONGE, maréchal de camp d'artillerie française, mort en 1788. Artillerie pratique employée sous les règnes et dans les guerres de Louis XIV et Louis XV; ouvrage inédit. Seules tables de l'artillerie française avant Gribeauval, 2 vol. in-4, dont 1 de planches. 1846. 50 fr.

ESSAI sur les Chemins de fer, considérés comme lignes d'opérations militaires; suivi d'un projet de système militaire de chemins de fer pour l'Allemagne; traduit de l'allemand par L.-A. Unger, professeur, 1 vol. in-8, avec une carte. 1844. 8 fr.

ÉTUDES POLITIQUES ET MILITAIRES Revue du monde militaire actuel, 1 vol. in-8, 1848. 6 fr.

ETUDES SUR LES SUBSISTANCES MILITAIRES. Réforme de l'administration actuelle, ou le mal et le remède, broch. in-8. 1850. 2 fr.

EXAMEN du Système d'Artillerie de campagne de M. le lieutenant général Allix (janvier 1826), broch. in-8. 1841. 2 fr.

EXPERIENCES faites à Brest, en janvier 1824, du nouveau système de Forces navales proposé par M. Paixhans; suivies des Expériences comparatives des canons de 80 avec ceux de 36 et 24, et caronades de ces deux derniers calibres, exécutées en vertu d'une dépêche ministérielle en date du 10 août 1824; la première en rade de Brest, sur un ponton servant de batterie, et la deuxième sur une batterie installée à terre pour cet effet, in-8, 1837. 3 fr.

EXPÉRIENCES sur différentes espèces de Projectiles creux, faites dans les ports en 1829, 1831 et 1833, broch. in-8, avec un grand nombre de tableaux, 1837. 5 fr.

EXPÉRIENCES auxquelles ont été soumis en 1836, à bord de la frégate *la Dryade*, divers objets relatifs à l'artillerie, broch. in-8, 1837. 2 fr. 50

EXPÉRIENCES sur les Poudres de guerre, faites à Esquerdes, dans les années 1832, 1833, 1834 et 1835, suivies de notices sur les Pendules balistiques et les pendules canons, avec figures et tableaux, broch. in-8, 1837. 5 fr.

EXPÉRIENCES comparatives faites à Gavre, en 1836, entre des bouches à feu en fonte de fer d'origines française, anglaise et suédoise, avec tableaux et dessins, broch. in-8, 1837. 5 fr.

EXPÉRIENCES faites à Esquerdes en 1834 et 1835, entre les Poudres fabriquées par les meules et les poudres fabriquées par les pilons; en conséquence des ordres de M. le lieutenant général vicomte Tirlet, inspecteur général d'artillerie, broch. in-8, 1839. 2 fr. 75

EXPÉRIENCES d'Artillerie exécutées à Gavre par ordre du ministre de la marine, pendant les années 1830, 1831, 1832, 1834, 1835, 1836, 1837, 1838 et 1840. 1 vol. in-4, avec planches, 1841. 10 fr.

EXPÉRIENCES comparatives faites à Brest et à Lorient en 1840, sur les pitons à fourches et les crampes avec manilles, broch. in-8, 1841. 3 fr.

EXPÉRIENCES (suite des) d'Artillerie exécutées à Gavre par ordre du ministre de la marine. Recherches expérimentales sur les déviations des projectiles. Ce rapport est suivi d'un mémoire sur les déviations moyennes des projectiles, 1 vol. in-4, 1844. 6 fr.

EXPÉRIENCES d'Artillerie exécutées à Lorient à l'aide des pendules balistiques par ordre du ministre de la marine, 1 vol. in-4, avec tableaux, 1847. 8 fr.

EXPÉRIENCES sur les artifices de guerre faites à Toulouse en 1820, in-8, 1849. 4 fr.

EXPÉRIENCE DE BAPAUME. Rapport fait à M. le ministre de la guerre par la Commission mixte des officiers d'artillerie et du génie, instituée le 12 juin 1847, pour étudier sur les fortifications de Bapaume, les principes de l'exécution des brèches par le canon et par la mine. Ouvrage publié avec l'autorisation du ministre de la guerre, en date du 24 oct. 1850. 1 vol. in-8. avec 28 planches. 1852. 20 fr.

FABAR, capitaine d'artillerie. L'Algérie et l'opinion, in-8, 1847. 3 fr. 50

—Camps agricoles de l'Algérie, ou Colonisation civile par l'emploi de l'armée, in-8, 1847. 3 fr. 50

FABRE (Élie). Manuel des sous-officiers d'infanterie et de cavalerie à l'usage des écoles régimentaires du deuxième degré, publié avec l'autorisation du Ministre de la guerre. 1 vol. in-18 jésus. 1852. 4 fr.

FAVÉ, capit. d'artillerie. Nouveau système de Défense des places fortes, 1 vol. in-8, avec atlas in-folio, 1841. 12 fr.

—Des nouvelles Carabines et de leur emploi. Notice historique sur les progrès effectués en France depuis quelques années dans l'accroissement des portées et dans la justesse de tir des armes à feu portatives, in-8, 1847. 2 fr. 50

FISCHMEISTER (J.). Traité de Fortification passagère, d'attaque et de défense des postes et retranchements, suivi d'un Appendice sommaire sur les Ponts militaires, à l'usage des écoles d'artillerie d'Autriche, avec atlas, traduit de l'allemand par Rieffel, professeur de sciences appliquées à l'École d'artillerie de Vincennes. 1 vol. in-8, avec atlas, 1845. 15 fr.

FORCE ARMÉE (la) mise en harmonie avec l'état actuel de la société, par un officier étranger, in-8, 1836. 2 fr. 50

FRANQUE, avocat. Lois de l'Algérie du 5 juillet 1830 (occupation d'Alger), au 1er janvier 1841, avec une Table alphabétique des matières, 3 part. in-8, à 5 fr. chacune, 1844. 15 fr.

FYERS. Notes sur les Ressources défensives de la Grande-Bretagne, traduit de l'anglais par V.-A. de Manne, in 8. 3 fr.

GALVANI. Nouveaux mémoires sur la fin tragique de Joachim Murat, roi de Naples, illustrés de 2 pl. et d'une carte militaire de l'Italie, in-8. 1850. 5 fr.

GIRARDIN (A. lieutenant général comte de). Des Inconvénients de fortifier les villes capitales et d'avoir un trop grand nombre de places fortes, in-8, 1830. 2 fr. 75

GRÆVENITZ (Henning-Frédéric de). Mémoire sur la Trajectoire des projectiles de l'artillerie, suivi de Tables et de Règles pratiques pour la détermination des portées. Traduit par Rieffel, professeur à l'École d'artillerie de Vincennes, in-8, 1845. 4 fr.

GRIFFITHS. Manuel de l'Artilleur anglais, 3e édit., publiée par ordre du gouvernement; traduit de l'anglais par Rieffel, professeur de sciences appliquées, à l'École d'artillerie de Vincennes, 1 vol. in-8, avec planches, 1848. 12 fr.

GRIVET. Examen critique du Projet de loi relatif à l'avancement de l'armée suivi d'un supplément sur le Recrutement de l'armée, contenant un projet d'organisation générale, in-8, 1832. 2 fr.

—Aide-Mémoire de l'ingénieur militaire, ou Recueil d'études et d'observations; comprenant l'histoire, l'organisation et l'administration du corps du génie, les services de paix et de guerre et plusieurs résumés scientifiques sur les mathématiques élémentaires et transcendantes, la mécanique; le dessin linéaire, la géométrie descriptive, le dessin de la carte et de la fortification, la géodésie, l'astronomie, la géologie, la physique et la chimie, 1 fort vol. in-8, avec dix planches. 1839 12 fr. 50

GUIDE pratique pour l'enseignement du service de troupes en campagne dans les écoles de bataillon; par un officier d'infanterie saxonne; traduit de l'allemand par un officier d'état-major, in-12, 1844. 3 fr.

GUIDE pour l'Instruction tactique des officiers d'infanterie et de cavalerie; traduit de l'allemand par L.-A. Unger, avec carte, trois parties in-8 à 5 fr. chacune, 1846. 15 fr.

GURWOOD (colonel). Recueil des principales pièces de la correspondance du feld-maréchal duc de Wellington pendant les dernières guerres; traduit de l'anglais et suivi d'un Résumé historique publié par J. Corréard, ancien ingénieur, in-8. 1840. 3 fr. 50

HAILLOT (C.-A.), chef d'escadron au 15e régiment d'artillerie (pontonniers). Nouvel Équipage de ponts militaires de l'Autriche, la description détaillée, applications, manœuvres diverses et dimensions de toutes les parties de l'équipage de ponts militaires de l'armée autrichienne, conformément aux documents les plus récents; suivi d'un examen critique de ce nouveau système, 1 fort volume in-8, avec atlas in-4 de 43 planches, 1846. 35 fr.

—Instruction sur le Passage des rivières et la construction des ponts militaires, à l'usage des troupes de toutes armes; 2e édit., un vol. in-8, avec un bel atlas.

HERRERA GARCIA (don José), colonel d'infanterie et lieutenant-colonel des ingénieurs espagnols. Théorie analytique de la Fortification permanente, mémoire présenté à son excellence l'ingénieur général et dans lequel on trouve l'analyse des systèmes de fortification les plus connus et l'explication d'un nouveau système inventé par l'auteur, traduit par Ed. de La Barre Duparcq, capitaine du génie, ancien élève de l'École polytechn., 1 v. in-8 avec atlas in-4, 1847. 15 f.

HISTOIRE résumée de la Guerre d'Alger, broch. in-8, avec portrait, 1830. 1 fr. 50

HOMILIUS, lieutenant-colonel d'artillerie saxonne. Cours sur la Construction et la Fabrication des armes à feu, traduit de l'allemand par Lenglier, capitaine d'artillerie, 1 vol. in-8, avec planches, 1848. 7 fr. 50

HUE de CALIGNY (Louis-Roland). Traité de la Défense des places fortes, avec application à la place de Landau, rédigé en 1723, précédé d'un avant-propos par M. Favé, avec plan; ouvrage orné du portrait de l'auteur, 1 vol. in-8, 1846. 7 fr. 50

HUMFREY (J.-X.), lieutenant-colonel. Essai sur le système moderne de Fortification adopté pour la défense de la frontière rhénane, et suivi en totalité ou en partie dans les principaux ouvrages de ce genre construits maintenant sur le continent; présenté dans un mémoire étendu sur la forteresse de Coblentz, prise comme exemple, et illustré par des plans et coupes des ouvrages de cette place; traduit de l'anglais par Napoléon F., 1 vol. in-folio, 1845. 12 fr.

INSTRUCTION sur le Pointage des bouches à feu, à l'usage des sous-officiers de l'artillerie de la marine, avec Tables supplémentaires pour le tir du canon de 12 court et des obusiers de 0 mètre 22 cent,. et 0 mètre 27 cent., broch. in-12, 1844. 1 fr

INSTRUCTION sur le service et les manœuvres de l'Equipage de pont d'avant-garde et de divisions, à l'usage de l'artillerie, approuvée par le ministre secrétaire d'Etat de la guerre le 9 juillet 1840, in-8, 1841. 5 f.

JACOBI (A.), lieutenant d'artillerie prussienne. Etat actuel de l'Artillerie de campagne en Europe. Ouvrage traduit de l'allemand.

Artillerie anglaise.		5 fr. 75
—	autrichienne (2 liv.)	11 fr. 50
—	bavaroise (2 liv.)	11 fr. 50
—	française.	5 fr. 75
—	néerlandaise.	5 fr. 75
—	suédoise.	5 fr. 75
—	wurtembergeoise.	5 fr. 75

In-8, 1844-1845-1849-1854, 9 livraisons, 51 fr. 75

KAMPTZ. Influence des Progrès du fusil d'infanterie sur la construction des batteries de siége, trad. de l'allemand par Henry Benoit, in-8. 1 fr. 50

LA BARRE DU PARCQ (Ed. de), capitaine du génie, professeur d'art militaire à l'École de St-Cyr. De la fortification à l'usage des gens du monde, in-8, avec pl. 1844. 2 f. 50

—Biographie et Maximes de Blaise de Montluc, in-8, 1848. 2 fr. 50

—Utilité d'une édition des Œuvres complètes de Vauban, in-8, 1848. 2 fr. 50

—Capitaines anciens et modernes, traduit de l'espagnol, du lieutenant-colonel don Evaristo San-Miguel, in-8, 1848. 2 fr.

—Le plus grand homme de guerre; dissertation historique, in-8, 1848. 4 fr.

—Considérations sur l'art militaire antique et sur l'utilité de son étude, in-8, 1849. 2 f. 50

—De la Création d'une bibliothèque militaire publique, in-8, 1849. 2 fr.

—Biographie et maximes de Maurice de Saxe, in-8. 1851. 5 fr.

— Des Études sur le Passé et l'Avenir de l'Artillerie de Louis-Napoléon Bonaparte, Président de la République, in-8. 3 fr.

—Commentaires sur le Traité de la Guerre de Clausewitz, 1 vol. in-8. 1853. 7 fr. 50

LABORIA. Notice sur la Défense des côtes maritimes de France, in-8, 1841. 2 fr. 75

—De la Guyane française et de ses colonisations, 1 vol. in-8, 1843. 7 fr. 50

LACABANE (Léon). De la Poudre à canon et de son introduction en France, in-8, 1845. 2 fr.

LAFAY, capitaine d'artillerie de marine. Aide-mémoire d'Artillerie navale, imprimé avec l'autorisation du Ministre de la marine et des colonies, 1 fort vol. in-8, de plus de 700 pages, accompagné de 50 planches gravées sur cuivre avec le plus grand soin. 1850. 15 fr.

LAGERCRANTZ, officier d'état-major de l'artillerie suédoise. Etude sur le problème balistique. in-8. 1852. 5 fr.

LALANNE (Ludovic), ancien élève de l'École des Chartes. Recherches sur le Feu grégeois, et sur l'introduction de la Poudre à canon en Europe; mémoire auquel l'académie des inscriptions et belles-lettres a décerné une médaille d'or, le 25 septembre 1840; 2e édition, corrigée et entièrement refondue, in-4°, 1845. 7 fr. 50

LAMARE (général). Nouvelles considérations sur les Travaux de défense projetés au Havre, in-8, 1846. 2 fr.

—Essai d'une instruction à l'usage des gouverneurs et commandants supérieurs des divisions militaires et des places en état de paix, de guerre et de siége, in-8. 1851. 5 fr.

LAMBERT. Mémoire sur la Résistance des fluides, avec la solution du problème balistique, 1 vol. in-8, avec pl., 1846. 7 fr. 50

LASSAGNE (Jules), notice sur le Général en chef Magnan. in-8, 1851. 1 fr.

LAVILLETTE. Mémoire sur une Reconnaissance d'une partie du cours du Danube, de l'Inn, de la Salza, et d'une communication entre ces deux rivières. 1 vol. in-8, avec carte, 1839. 6 fr.

LEBOURG (J.-H.), lieutenant-colonel d'artillerie. Essai sur l'Organisation de l'artillerie et son emploi dans la guerre de campagne, 2e édit., revue, corrigée et considérablement augmentée. 1 vol. in-8, avec planches, 1845. 7 fr. 50

LEGENDRE, ancien professeur de mathématiques à l'École royale militaire de Paris, et, depuis, membre de l'académie des sciences de France, etc., etc. Dissertation sur la question de Balistique, proposée par l'académie royale des sciences et belles-lettres de Prusse, pour le prix de 1782, lequel a été adjugé à l'auteur dans l'assemblée publique du 6 juin. 1 vol. in-8, avec planche, 1846. 7 fr. 50

LE MASSON, auteur de *Custoza* et de *Novare*, Venise en 1848 et 1849, un vol. in-8. 1851. 4 fr.

LESPINASSE-FONMARTIN (de), officier de marine. Etude sur la Marine militaire. 1 vol. in-8, 1839. 7 fr. 50

LETTRE du chevalier Louis Cibrario, à son Excellence le chevalier César de Saluces, sur l'Artillerie du XIIIe ou XVIIe siècle, traduite de l'italien et annotée par M. Terquem, professeur aux écoles de l'artillerie. broch. in-8, 1847. 2 fr. 50

LETTRES critiques sur l'armée prussienne, traduites de l'allemand par J. de Clonorie et revues et annotées par Paul Mérat, lieut. d'infanterie. 1 vol. in-8. 1850. 7 fr. 50

LE VASSEUR. Commentaires de Napoléon suivis d'un résumé des principes de stratégie du prince Charles, un v. in-8, 2 parties. 12 fr.

MADELAINE (J.). Considérations sur les avantages que le gouvernement trouverait à former dans Paris un établissement pour la construction d'une partie du matériel de guerre (affûts, voitures et attirails d'artillerie), in-8, 1832. 1 fr. 50

—De la Défense du Territoire. Fortifications de Paris, in-8, 1840. 50 c.

— Fortification permanente. — Défauts des fronts bastionnés en usage,—Modifications nécessaires,—Bases d'un nouveau système, 1 vol. in-8, 1844. 4 fr.

— Fortification permanente. — Défauts des Fronts bastionnés en usage, supplément au mémoire précédent, br. in-8, 1845. 1 fr. 75

—Fortification de Coblentz.—Observations sur cette place importante.—Examen de l'essai sur le système moderne de fortification adopté pour la défense de la frontière rhénane, présenté dans un mémoire étendu sur la forteresse de Coblentz prise comme exemple, par le lieutenant-colonel Humphrey, traduit de l'anglais par Napoléon F***. Appréciation de la valeur relative des tracés angulaires, comparés aux tracés bastionnés; avec des notes diverses, 1 vol. in-8, 1846. 6 fr.

MANUEL DE LA GARDE NATIONALE. Sous-officiers et gardes nationaux. École du soldat, avec la charge et les feux de fusil à percussion. Maniement de l'arme des sous-officiers et caporaux. Service dans les postes. Entretien dans les armes. 1 vol. in-32 avec pl. 0 fr. 50

MARESCHAL, chef d'escadron d'artillerie. Mémoire sur un nouveau mode de magasin à poudre, in-8, avec planches, 1840. 3 fr.

MARION (général d'artillerie). Vocabulaire hollandais-français des principaux termes d'artillerie, broch. in-18, 1839. 1 fr. 50

—Le même 1840. 1 fr. 50

—Statistique militaire de la Belgique, in-8, 1841. 2 fr.

—De la Force des garnisons, in-8, 1841. 2 fr.

—Notice sur les Obusiers, in-8, 1842. 2 f. 75

—Journal des Opérations de l'artillerie au siége de Schweidnitz, en 1807, in-8, 1842. 3 fr.

—De l'Armement des places de guerre, avec planche, broch, in-8, 1845. 4 fr.

—Mémoire sur le lieutenant général d'artillerie baron Sénarmont (Alexandre), 1 vol. in-8, 1846. 5 fr.

MARTIN DE BRETTES, capitaine d'artillerie. Etudes sur les fusées de projectiles creux, brochure in-8, avec fig., 1849. 3 fr.

—Mémoire sur un projet de chronographe électro-magnétique et son emploi dans les expériences de l'artillerie, in-8, avec fig. et planches, 1849. 5 fr.

—Projet de fusée de projectiles creux destinée à être fixée au moment du tir. br. in-8 avec figures, 1849. 2 fr.

—Nouveau système d'artillerie de campagne de Louis-Napoléon Bonaparte. in-8, 1851. 2 fr.

—Des artifices éclairants en usage à la guerre et de la lumière électrique. in-8. 1852. Avec planches. 7 fr. 50

—Coup d'œil sur les études du passé et l'avenir de l'Artillerie de Louis-Napoléon Bonaparte, Président de la République. 1 v. in-8. 1852. 6 fr.

— Études sur les Appareils électro-magnétiques, destinés aux expériences de l'artillerie en Angleterre, en Russie, en France, en Prusse, en Belgique, en Suède, etc., etc. In-8, avec planches et figures. 12 fr.

MASSAS (de), Chef d'escadron d'artillerie. Etudes sur les Fusils percutants d'infanterie, sur les amorces fulminantes, les approvisionnements de munitions, et les distributions aux soldats en campagne, in-8, 1840. 2 fr. 75

—Mémoire sur les cuivres, étains et bronzes employés pour la fabrication des bouches à feu, 1 vol. in-8, 1850. 6 fr.

—Études sur les aciers dont l'artillerie fait usage. in-8. 3 fr.

MASSE (J.), lieutenant-colonel d'artillerie. Aperçu historique sur l'introduction et le développement de l'Artillerie en Suisse, 1re et 2e partie, avec planches, 2 broch. in-8, 1846. à 3 fr. 50, 7 fr.

MAURICE (baron P.-E. de Sellon), capitaine du génie, ancien élève de l'Ecole polytechnique. Considérations sur l'avantage ou le désavantage d'entourer les villes maritimes de France d'une enceinte continue fortifiée, tirées des résultats pratiques de l'efficacité du tir à la mer, in-8, 1847. 2 fr.

—Examen du nouveau système de Ponts de chevalets proposé par le chevalier de Birago, suivi de l'exposé d'un nouveau système de ponts militaires à supports flottants, in-8, avec planches, 1847. 2 fr. 50

—Mémoire sur les Angles morts des retranchements de campagne et sur quelques autres points de la fortification passagère, in-8, avec planches. 1848. 2 fr. 50

—Recherches historiques sur la Fortification passagère depuis les temps les plus reculés jusqu'à nos jours, suivies d'un aperçu sur l'état actuel de cette science et sur le rôle qu'elle est appelée à jouer dans les guerres modernes, 1 vol. in-8, 1849. 4 fr.

—Notice sur l'Essai des propriétés et la tactique des fusées à la congrève, par le colonel d'artillerie A. Pictet, in-8, 1849. 2 f.

—Mémorial de l'ingénieur militaire ou analyse abrégée des tracés de fortification permanente des principaux ingénieurs, depuis Vauban jusqu'à nos jours, 1 vol. 8, avec atlas in-folio, de dix-sept planches gravées sur cuivre, 1849. 35 fr.

—Examen de la Fortification et de la Défense des grandes places, par le lieutenant colonel d'artillerie C.-A. Wittich. br. in-8 avec planches. 1849. 2 fr. 50

—Examen du mémoire sur les canons se chargeant par la culasse et sur leur application à la défense des places et des côtes, par Jean Cavalli, major d'artillerie, au service de S. M. Sarde, in-8, avec pl., 1850. 2 f. 50

—Mémoires sur la Fortification tenaillée et polygonale et sur la Fortification bastionnée, 1 vol. in-4, et atlas grand in-folio. 1850. 25 fr.

—Études sur la fortification permanente.

I. Plan et description de la citadelle fédérale de Rastadt, d'après des documents authentiques, examen du tracé des ouvrages défensifs extérieurs et de ceux de l'enceinte. —Appréciation de leur capacité de résistance.— Plan d'attaque dirigée contre le fort Léopold comme étude de travaux de siége contre une place fortifiée, d'après l'école allemande. — Ouvrage destiné à servir de complément aux *Mémoires sur la fortification tenaillée et polygonale*, et sur les tracés bastionnés. In-8 et atlas in-folio. 1851. 15 fr.

II. Examen du Tracé enseigné aux troupes du génie qui font partie du huitième corps d'armée de la confédération germanique et appréciation de la capacité de résistance. —Observations sur le projet de fortification polygonale et à caponnières, présenté par un officier du génie prussien. In-8 avec 2 pl. (en atlas in-folio.). 1851. 10 fr.

— De la défense nationale en Angleterre. Un vol. in-8 avec une carte. 1851. 3 fr.

MAZÉ. Artillerie de campagne en France, description de l'organisation et du matériel de cette arme en 1845, conforme aux documents les plus récents, et précédée d'observations, 1 vol. in-8 avec 5 planches, 1845. 5 fr. 75

MÉMOIRE sur le Matériel d'artillerie des places, dans ses rapports avec la fortification et les principes généraux de la défense, avec deux planches, in-8, 1838. 2 fr. 75

MÉMOIRES militaires de Vauban, et des ingénieurs Huo de Caligny; précédés d'un avant-propos par M. Favé, capitaine d'artillerie; 1 vol. in-8, avec 3 planches, 1846 7 fr. 50

—2e partie, 1 vol. in-8, 1854. 7 fr. 50

MÉMOIRE sur le Jet des bombes, ou, en général, sur la projection des corps, in-8, 1846. 2 fr.

MÉRAT (Paul), lieutenant d'infanterie. Études sur l'Organisation de la force publique. I. Projet d'organisation de la réserve combinée avec la mobilisation de la garde nationale, in-8, 1849. 2 fr.

—II. La Justice militaire selon les principes de l'équité, in-8, 1849. 2 fr.

— III. Recrutement et remplacement, in-8. 1850, 2 fr.

— IV. L'avancement et la hiérarchie, in-8. 1851. 2 fr.

—Verdun en 1792, épisode historique et militaire, 1 vol. in-8, 1849. 5 fr.

MERKES (J.-G.-W.), colonel du génie au service de S. M. le roi des Pays-Bas. Essai sur les différentes méthodes, tant anciennes que nouvelles, de construire les murs de revêtement, suivi de Considérations sur les expériences faites en 1834 par l'artillerie saxonne sur les batteries blindées; traduit par Gaubert, chef de bataillon du génie, 1 vol. in-8, avec atlas in-folio. 1841. 12 fr.

—Projet d'un modèle de Magasin à poudre à l'abri de la bombe, d'après une construction nouvelle moins dispendieuse, in-8, avec pl., 1843. 3 fr.

—Projet d'une nouvelle Fortification, ou tentatives d'améliorations dans le système bastionné, destiné pour les seuls fronts d'attaque d'une place, tant pour un terrain bas et humide que sec et élevé. 1 plan in-folio, 1843. 6 fr.

—Résumé général concernant les différentes formes et les diverses applications des Redoutes casematées, des petits forts, des tours défensives et des grands réduits, avec planches; traduit du hollandais par R***, 1 vol. in-8, 1843. 7 fr. 50

—Examen raisonné des progrès et de l'état actuel de la Fortification permanente, traduit du hollandais, 1 vol. in-8, avec plan, 1846. 7 fr. 50

MICALOZ. Recherches sur l'art défensif, in-8, avec planches, 1838. 3 fr.

— Exposé succinct de nouvelles idées sur l'art défensif, contenant l'aperçu d'une nouvelle théorie sur cet art, et de quelques dispositions propres à confirmer l'efficacité de cette même théorie, suivi d'un appendice, in-8, avec planches, 1838. 5 fr. 75

MOLLIÈRE (le général). Journal de l'Expédition et de la Retraite de Constantine en 1836, in-8, 1837. 4 fr.

—Études sur quelques détails d'Organisation milit. en Algérie. 1 v. in-8, 1845. 5 fr. 75

MONEY (général). Souvenirs de la campagne de 1792, traduits par Paul Mérat, lieutenant au 24e léger, 1 vol. in-8, 1849. 6 fr.

MONHAUPT, général de l'artillerie prussienne. Tactique de l'Artillerie à cheval, dans ses rapports avec les grandes masses de cavalerie, 1 vol. in-8, avec 8 pl., 1840. 3 fr. 75

MORDECAI (Alfred), capitaine de l'artillerie américaine. Expériences sur les Poudres de guerre faites à l'arsenal de Washington, en 1843 et 1844, publiées avec l'autorisation du gouvernement, 1 vol. in-8, avec pl., en deux livraisons, 1846. 20 fr.

MORITZ-MEYER. Manuel historique de la Technologie des armes à feu, 2 vol. in-8, 1837-1838. 15 fr.

MULLER (François), sous-lieutenant au 30e régiment royal-impérial d'infanterie de ligne, baron Palombini. Traité des Armes portatives ou de toutes les espèces de petites armes à feu et blanches, actuellement (1844) en usage dans l'armée autrichienne, précédé d'un Précis historique, et suivi d'une Instruction sur l'art du Tir; traduit de l'allemand, avec une planche, 1 vol. in-8, 1846. 7 fr. 50

MUSSOT. Tactique militaire. — Des armes blanches, de la cavalerie et particulièrement du sabre de cavalerie de réserve et de ligne, in-8. 2 fr.

—Des compagnies, pelotons et sections hors rang, examen de leurs utilité relative, et des raisons qui militent pour leur suppression. in-8, 1851. 2 fr.

NAVARRO-SANGRAN (général). Système de Pointage généralement applicable à toutes les bouches à feu de l'artillerie, in-8, 1838. 2 fr. 75

NAVEZ, capitaine à l'état-major de l'artillerie belge. Application de l'électricité à la mesure de la vitesse des projectiles. 1 v. in-8. 7 fr. 50

NOTE sur quelques Modifications à faire aux bats de l'artillerie de montagne, et note sur les harnais et sur le mode d'attelage de l'artillerie de campagne, par un ancien officier supérieur d'artillerie, broch. in-8, 1837. 1 fr. 25

NOTICE sur la nouvelle Organisation militaire du royaume de Sardaigne, in-8, 1834. 2 fr. 50

OBSERVATIONS sur les Applications du fer aux constructions de l'artillerie, avec pl., in-8, 1835. 3 fr.

OBSERVATIONS sur la réception des effets de harnachement pour les corps d'artillerie, in-8, 1842. 2 fr. 75

OBSERVATIONS sur le projet de loi relatif à l'organisation de l'artillerie, in-8. 1852. 2 fr. 50 c.

ORGANISATION (de l') de l'Artillerie en France, 1re et 2e partie, 1 vol.; 3e partie, 1 vol.; par M***, capitaine d'artillerie, ancien élève de l'Ecole polytechnique, 2 vol. in-8, 1845-1847, à 6 fr. 12 fr.

ORGANISATION (de l') de l'Artillerie au point de vue du service de la flotte et de la défense des colonies et des côtes, 1854, in-8. 2 fr.

OTTO (J.-C.-F.). Théorie mathématique du Tir à ricochet, suivie de Tables pour l'application de ce tir, 1833; traduite de l'allemand par Rieffel, professeur à l'Ecole d'artillerie de Vincennes, 1 vol. in-8, 1845. 6 fr.

—Tables balistiques générales pour le Tir élevé; traduites de l'allemand par Rieffel, professeur à l'Ecole royale d'artillerie de Vincennes, 1 vol. in-8, 1845. 7 fr. 50

PARMENTIER (Théodore), capitaine du génie, ancien élève de l'Ecole polytechnique. Vocabulaire allemand-français des termes de fortification, renfermant, en outre, les termes les plus usuels d'art militaire, d'artillerie, de construction, de mathématiques, de mécanique, etc., et la réduction en mesures métriques de toutes les mesures usitées dans les différents états de l'Allemagne, la Hollande, la Suisse, la Suède, le Danemarck, la Pologne et la Russie, 1 vol. in-12. 1849. 3 fr.

—Exposition et description d'un système de fortification polygonale et à caponnières. Essai sur la science de la fortification arrivée à son état actuel de perfectionnement, par un officier du génie prussien, trad. de l'allemand, broch. in-8 avec 2 pl. (en atlas grand in-fol.), 1850. 10 fr.

PASLEY, directeur de l'École du génie de Chatham. Règles pour la conduite des opérations d'un siége, déduites des expériences soigneusement faites; traduites de l'anglais par E. J., 3 parties in-8, avec planches, 1847: chacune 4 fr. 12 fr.

PÉRARD-BOURLON, lieutenant au 3e chasseurs. Développement moral sur le Service intérieur des troupes, in-8, 1832. 1 fr. 25

PERROT. Carte militaire de l'Empire français indiquant les divisions militaires et leurs chefs-lieux, les garnisons des différents corps de l'armée, tous les établissements de l'artillerie et du génie, les places-fortes, les forts, les routes militaires, les gîtes d'étapes avec les distances qui les séparent, les lieux de distributions de vivres, etc., etc. *Une feuille sur colombier*, 4 fr.—Collée sur toile avec étui. 6 fr.

—Tableau politique de la Pologne. Une feuille sur jésus, enluminée, 1848. Collée sur toile avec étui. 2 fr.

PIDOLL (de). Colonies militaires de la Russie, comparées aux confins militaires de l'Autriche; traduites par Unger, in-8, 1847. 3 fr. 50

PISTORIUS. Traité sur l'art de tirer à balles, sans charge de poudre, moyennant une matière chimique renfermée dans la balle même, in-8, 1850. 2 fr.

PITON-BRESSANT. Formules des portées. in-8. 1852. 3 fr.

PLOTHO. Relation de la bataille de Leipzig (16, 17, 18 et 19 octobre 1813); traduite de l'allemand par Philippe Himly, suivi de la relation autrichienne de l'affaire de Lindenau, du combat de Hanau, et accompagnée de notes d'un officier général français, témoin oculaire, 1 vol. in-8, 1840. 6 fr.

—Capitulation de Dantzig; traduite de l'allemand par P. Himly; avec observations critiques, par le général baron de Richemont, directeur des fortifications et commandant du génie pendant la défense de la place, broch. in-8, 1841. 2 fr. 75

POLIGNAC (de). État actuel des armes à feu, in-8. 2 fr.

POTEVIN (P.-L.). Fortification. Notions sur le défilement, 1 vol. in-folio, 1844. 10 fr.

PRÉTOT (P.-L.). Des conventions militaires et de leur exécution habituelle, 1 vol. in-8. 1849. 7 fr. 50

PRÉVAL (général). Observations sur l'Administration des corps, in-8, 1841. 2 fr. 75

—Mémoires sur l'Avancement militaire et sur les matières qui s'y rapportent, 1 vol. in-8, 1842. 9 fr.

Ces mémoires sont précédés d'un avant-propos très-remarquable, contenant, outre l'historique des divers modes d'avancement, une appréciation des graves événements de 1814 et 1815, appuyée de documents officiels peu connus et du plus haut intérêt.

—Sur le recrutement et le remplacement de l'armée. 1 vol. in-8. 1848. 7 fr. 50

—Sur le nouveau projet de loi relatif à l'organisation de l'armée; premières observations, brochure in-8, 1849. 2 fr.

—Mémoire sur le commandement en chef des troupes. 2e édition. 1851. 2 fr. 50

RABUSSON (A). De l'Agrandissement de l'enceinte des fortifications de Paris du côté de l'est, considéré dans ses rapports avec la défense de la ville et avec la défense générale du royaume, 1 vol. in-8, 1842. 4 fr.

—De la Défense générale du royaume dans ses rapports avec les moyens de défense de Paris, 1 vol. in-8, 1843. 6 fr.

RAVICHIO de PERETSDORF, Suite de la notice sur l'Organisation de l'armée autrichienne, broch. in-8, 1834. 2 fr. 50

RELATION de la Défense de Schweidnitz, commandé par le général feld-maréchal lieutenant de Guasco, et attaqué par le lieutenant général Tauenzein, depuis le 20 juillet jusqu'au 9 octobre 1762, jour de la capitulation; avec une notice de M. Favé, chef d'escadron d'artillerie, in-8, avec plan, 1846. 4 fr.

REPONSE à l'auteur de l'Article sur l'état-major général de l'armée, par un officier supérieur en retraite, in-8, 1846. 1 fr. 25

RESSONS (de). Méthode pour tirer les bombes avec succès, broch. in-8, 1846. 2 f.

RETRAITE et destruction de l'armée anglaise dans l'Afghanistan en janvier 1842, Journal du lieutenant Eyre, de l'artillerie du Bengale, sous-commissaire d'ordonnance à Caboul, traduit de l'anglais sur la 3e édition par Paul Jossé, avec plan, 1 vol. in-8, mars 1844. 7 fr. 50

RICHARDOT, lieutenant-colonel d'artillerie. Nouveau système d'Appareils contre les dangers de la foudre et les fléaux de la grêle, in-8, 1823. 1 fr. 25

—Mémoire sur l'emploi de la Houille dans le traitement métallurgique du minerai de fer et sur les procédés d'affinage de la fonte pour bouches à feu et projectiles de guerre, in-8, 1824. 3 fr.

—Essai sur les véritables Principes de la défense des places et l'application de ces principes, broc. in-8, 1838. 2 fr. 75

—Relation de la Campagne de Syrie, spécialement des siéges de Jaffa et de Saint-Jean-d'Acre, 1 vol. in-8, avec atlas in-4. 1839. 10 fr. 75

—Projet (du) de fortifier Paris, ou Examen d'un système général de défense, in-8, 1839. 2 fr. 75

—Réponse aux observations de M. le lieutenant général du génie, vicomte Rogniat, sur l'ouvrage intitulé : du Projet de fortifier Paris, ou Examen d'un système général de défense, in-8, 1840. 2 fr. 75

—Examen de l'ouvrage ayant pour titre : de la Défense du territoire. Fortification de Paris, in-8, 1841. 1 fr. 25

—Un dernier mot sur la Défense de Paris, d'après les principes militaires et stratégiques; suivi d'un résumé relatif au même sujet de la Philosophie de la fortification du lieutenant-colonel du génie Delaâge, in-8, janvier 1841. 2 fr.

—Vauban, expliqué en ce qui concerne les moyens de défense de Paris. Même système, in-8, février 1841. 2 fr.

—Organisation (de l') des principales parties du service de l'Artillerie, in-8, 1842. 2 fr. 75

—Ecole polytechnique. Organisation, régime, conditions d'admission; deuxième article, ou réfutation d'objections diverses et de principes contraires au but de son institution, in-8, 1842. 2 fr.

—Recrutement (du) de l'Armée dans ses rapports avec la faculté du remplacement, le temps de service nécessaire sous les drapeaux, et l'époque des libérations; in-8, 1843. 2 fr. 75

—Etat (de l') de la question sur le Système d'ensemble des places fortes, in-8, 1844. 2 fr.

—Réfutation complète de l'opinion opposée au système des forts détachés sous les deux rapports militaire et politique, broch. in-8, janvier 1844. 2 fr.

—Des conditions de force de l'armée et de sa réserve sans augmentation de dépenses, in-8, 1846. 2 fr.

—Les Batteries à pied montées, mises en mesure de rivaliser avantageusement avec les batteries à cheval, in-8, 1846. 2 fr.

—Nouveaux mémoires sur l'Armée française en Egypte et en Syrie, ou la vérité mise au jour sur les principaux faits et événements de cette armée, la statistique du pays, les usages et les mœurs des habitants, 1 vol. in-8, avec plan de la côte d'Aboukir, à la tour des Arabes, 1848. 6 fr.

—Le recrutement de l'armée et de la réserve ramené au principe d'égalité devant la loi, in-8, 1849. 2 fr.

—Réfutation de quelques principaux articles des Mémoires d'Outre-tombe, en ce qui concerne l'armée d'Orient sous les ordres du général Bonaparte, in-8, 1849. 2 fr.

RIEFFEL, professeur aux écoles d'artillerie. Description et usage du Télégoniomètre, instrument proposé pour la mesure des angles et des distances à la guerre, avec planche, in-8, 1838. 2 fr. 75

ROCHE (A.), professeur aux écoles d'artillerie de la marine. Traité de Balistique appliquée à l'artillerie navale, avec planches, 1re partie, in-8, 1841. 5 fr.

ROCHE. Des Abus en matière de Recrutement, 2e édition, augmentée d'une réponse à M. Pagezy de Bourdeliac, in-8, 1829. 2 fr.

ROGNIAT (général). Réponse à l'auteur de l'ouvrage intitulé : du Projet de fortifier Paris, ou Examen d'un système général de défense, in-8, 1840. 2 fr. 75

—A l'auteur de la Réponse aux observations du général Rogniat, sur les Fortifications de Paris, in-8, 1840. 1 fr. 25

ROGUET (le général comte). Des Lignes de circonvallation et de contrevallation, avec planches, 1 vol. in-8, 1832. 4 fr.

—De l'Emploi de l'armée dans les grands travaux civils, in-8, 1834. 2 fr.

—De la Vendée militaire, avec carte et plans, 1 vol. in-8, 1834. 8 fr.

—Essai théorique sur les Guerres d'insurrection, ou suite à la Vendée, 1 vol. in-8, 1836. 8 fr. 50

—Expériences sur le Pétard, faites à Metz, in-8, avec pl., 1838. 2 fr.

RUDTORFFER (colonel). Géographie militaire de l'Europe; traduite de l'allemand par Unger, 2 vol. grand in-8, à 2 colonnes, 1847. 20 fr.

— (*Sous presse*) Atlas composé de vingt cartes dressées spécialement pour l'intelligence du texte de Rudtorffer. 1852.

SAINTE-CHAPELLE (Ch.). Éléments de Législation militaire, améliorations des retraites anciennes et nouvelles, avec amortissement de leur charge au profit de l'État et de l'armée, in-8, 1836. 3 fr.

SALVADOR (Gabriel). Recherches sur l'origine et l'usage de la poudre à canon en Orient, traduites de l'anglais, in-8. 2 fr.

—Agitation pour la Défense nationale en Angleterre 1 vol. in-8. 7 fr. 50

SCHARNHORST (général). Traité sur l'Artillerie; traduit de l'allemand, par M. A. Fourcy, ancien officier supérieur d'artillerie, bibliothécaire à l'École polytechnique; publié en 9 livraisons, formant 3 vol. petit in-4, 1843. 51 fr. 75

SCHONSTEDT. Description de la Fusée à percussion, 1854, in-8. 2 fr.

SCHWINCK, major au corps royal des ingénieurs de l'armée prussienne. Les Éléments de l'art de fortifier; Guide pour les leçons des écoles militaires et pour s'instruire soi-même; traduit de l'allemand par Théodore Parmentier, officier du génie ancien élève de l'École polytechnique.

Première partie. Fortification passagère, 1 vol. in-8, avec atlas in-4, 1846. 10 fr.

Seconde partie. Fortification permanente, 1 vol. in-8, avec atlas in-4, 1847. 10 fr.

SERVAL. Académie militaire de Woolwich, in-8. 1 fr. 50

—Sur les Bouches à feu de l'Artillerie de campagne, in-8. 1 fr. 50

SICARD. Atlas de l'histoire des institutions militaires des Français, composé de plus de 200 figures, 1 vol, grand in-8. 10 fr.

SIMMONS (T.-F.), capitaine de l'artillerie royale anglaise. Considérations sur les Effets de la grosse artillerie employée par les vaisseaux de guerre et dirigée contre eux, spécialement en ce qui concerne l'emploi des boulets creux et des bombes; traduit par E. J., avec 3 planches, 1 vol. in-8, 1846. 7 fr. 50

—Considérations sur l'Armement actuel de notre marine. Supplément aux considérations sur les Effets de la grosse artillerie employée par les vaisseaux de guerre et dirigée contre eux; traduit par E. J., broch. in-8, 1846. 3 fr.

SPLINGARD, capitaine d'artillerie belge. Notice sur une Fusée Shrapnell, in-8, avec planche, 1848. 2 fr.

SUSANE (Louis). Histoire de l'ancienne infanterie française, avec atlas renfermant la série complète, dessinée par Philippoteaux et les meilleurs artistes, et coloriée avec beaucoup de soin, des uniformes et des drapeaux des anciens corps de troupes à pied. — L'ouvrage est composé de huit volumes in-8 de texte et de 152 planches.— Cette publication est entièrement terminée. — Prix : 120 fr.

TABLES du tir des bouches à feu de l'artillerie navale, déduites des expériences de Gavre, et publiées par ordre du Ministre de la marine, in-8, 1841. 75 c.

TARTAGLIA (Nicolas). La Balistique, ou Recueil de tout ce que l'auteur a écrit touchant le mouvement des projectiles et les questions qui s'y rattachent, composé des deux premiers livres de la Science nouvelle (ouvrage publié pour la première fois en 1537), et des trois premiers livres des Recherches et Inventions nouvelles (ouvrage publié pour la première fois en 1546); traduit de l'italien avec quelques annotations, par Rieffel, professeur à l'École d'artillerie de Vincennes, avec planches, 2 parties in-8, 1845-1846. 11 fr. 50

TERNAY. De la Défense des États par les positions fortifiées, ouvrage revu et corrigé sur les manuscrits de l'auteur par Mazé, professeur du cours d'artillerie à l'École d'état-major, 1 vol. in-8. 7 fr. 50

THIÉBAULT (lieutenant général baron). Journal des Opérations militaires et administratives des siéges et blocus de Gênes; nouvelle édition; ouvrage refait en son entier avec addition d'un second volume comprenant un grand nombre de pièces inédites officielles et d'une haute importance, 2 vol. in-8 avec carte et portrait, 1847. 16 fr.

« Ce journal doit être lu en son entier et « médité par tous les militaires appelés à « défendre les places, comme une source « d'instructions précieuses, comme un mo- « dèle admirable de constance et d'intrépi- « dité (Carnot). » — « J'ai lu le Journal du « blocus de Gênes, c'est un bon ouvrage, « j'en ai été content, et tout le monde doit « l'être (Napoléon). »

THIÉRY (A.). Description des divers Systèmes à percussion et des étoupilles à friction adoptés jusqu'à ce jour en France et à l'étranger; Sachets en étoffes ininflammables, in-8, 1839. 2 fr. 75

—Applications du fer aux constructions de l'artillerie; seconde partie, 1 vol. in-4, avec atlas in-folio, 1841. 20 fr.

THIROUX, chef d'escadron d'artillerie. Réflexions et études sur les bouches à feu de siége, de place et de côte, 1 vol. in-8, avec figures et planches, 1849. 7 fr. 50 c.

—Observations et vues nouvelles sur les fusées de guerre. br. in-8, 1850. 2 fr.

—Observations sur l'emploi de la poudre fulminante dans les projectiles creux, in-8. 2 fr.

—Essai sur le mouvement des projectiles, dans les milieux résistants.

1er Cahier.—Partie théorique, in-8. 4 fr.

2e Cahier.—Partie pratique. (*Sous presse*).

TIMMERHANS (C.), lieutenant-colonel de l'artillerie belge. Expériences comparatives faites, à Liége en 1839, entre les carabines à double rayure et les fusils de munition, avec tableaux, in-8, 1840. 3 fr. 75

TIRLET. Des Places de guerre, in-8, 1841. 2 fr.

TRAITÉ DE LA RÉCEPTION des effets de harnachement pour les corps d'artillerie. in-8, 1850. 2 fr. 50

TRAITÉ des Reconnaissances militaires, ou Reconnaissance et description du terrain au point de vue de la tactique, à l'usage des officiers d'infanterie et de cavalerie; traduit de l'allemand par L. A. Unger, professeur au Collége de Juilly, 1 vol. in-8, 1846, en 2 livraisons de 5 fr. 75 c. chacune. 11 fr. 50

TREADWELL. Notice succincte sur un canon perfectionné et sur les procédés mécaniques employés à sa fabrication; traduite de l'anglais par M. Rieffel, professeur de sciences appliquées à l'École d'artillerie de Vincennes, in-8, 1848. 2 fr.

UNGER. Histoire critique des exploits et des vicissitudes de la cavalerie pendant les guerres de la Révolution et de l'Empire, jusqu'à l'armistice du 4 juin 1813, 2 vol. in-8, 1849. 12 fr.

VANDEN BROECK. Des Dangers qui peuvent résulter de l'emploi des armes à percussion dans les régiments d'infanterie de ligne, in-8, 1844. 3 fr.

VAUBAN. Ses Oisivetés et Mémoires inédits 3 vol. in-8. 19 fr.

Chaque volume se vend séparément :

1 vol. contenant le tome IV augmenté de mémoires inédits tirés du tome II, in-8, 1842. 7 fr. 50

1 vol. contenant les tomes I, II, III, in-8. 1843. 7 fr. 50

1 vol. contenant la fin des tomes II et III, in-8, 1845. 4 fr.

VAUDONCOURT. De la Législation militaire dans un État constitutionnel, in-8, 1820. 1 fr. 50

— Essai sur l'Organisation défensive militaire de la France, telle que la réclament l'économie, l'esprit des institutions politiques et la situation de l'Europe, in-8, 1835. 4 fr.

WERTHER. Des méthodes en usage pour reconnaître la quantité de salpêtre contenue dans le nitre brut, trad. de l'allemand, par Henry Benoit, 1854, in-8. 1 fr. 50

WITTICH, major de l'artillerie prussienne. De la Fortification et de la Défense des grandes places; traduit de l'allemand par Ed. de La Barre-Duparcq, capitaine du génie, in-8, avec planches, 1847. 4 fr.

XYLANDER (le chevalier J.), major au corps royal des ingénieurs de Bavière. Étude des Armes, 3e édition avec deux planches, augmentée par Klémens Schédel, capitaine au régiment royal d'artillerie bavaroise, prince Luitpold, professeur de tactique au corps royal des Cadets; traduit de l'allemand par M. D. d'Herbelot, capitaine d'artillerie; revu, complété et suivi d'un Vocabulaire des Armes, avec planches; 3 parties in-8, 1846-1847, chacune 4 fr. 12 fr.

ZASTROW (de). Histoire de la Fortification permanente ou Manuel des meilleurs systèmes, ou manières de fortification, traduit de l'allemand sur la 2e édition, par Ed. de La Barre Duparcq, capitaine du génie, ancien élève de l'École polytechnique, 2 vol. in-8, et atlas in-fol., 1848. 20 fr.

ZÉNI et DESHAYS, officiers supérieurs d'artillerie de la marine française, voyageant en Angleterre par ordre. Renseignements sur le Matériel de l'artillerie navale de la Grande-Bretagne et les fabrications qui s'y rattachent, recueillis en 1835; publication faite avec l'agrément du ministre de la marine et des colonies, 1 vol. in-4, avec atlas in-folio, 1840. 30 fr.

ZOLLER (de), lieutenant-général, commandant en chef du corps de l'artillerie bavaroise. Description d'une éprouvette portative; trad. de l'allemand, par Ed. de La Barre Duparcq, capitaine du génie, ancien élève de l'École polytechnique, in-8, avec 5 pl., 1849. 4 fr.

COURS CLASSIQUE DE DESSIN TOPOGRAPHIQUE

A l'usage des élèves des Lycées, des Écoles préparatoires et de toutes les Maisons d'éducation.

Ouvrage au moyen duquel on peut apprendre le dessin topographique sans le secours d'un maître, et comme tel, très-utile à donner en prix aux lauréats de l'Université et de tous les établissements d'instruction publique, jeunes gens auxquels il servira de sujet instructif, de distraction pendant leurs vacances.

Par J. CORRÉARD, ancien ingénieur.

SECONDE ÉDITION

1 vol. in-4° oblong, composé de 25 dessins coloriés avec le plus grand soin, avec texte en regard. Prix broc. : 25 fr.; cart., 26 fr.: relié en chagrin et filets d'or 27 fr. 50.

Toutes les planches se vendent séparément, en noir : 25 c.

Idem. en couleur : 1 fr.

La planche n° 21 grand in-folio se vend aussi séparément, en noir : 1 fr.

Idem. Idem. en couleur : 3 fr.

ABRÉGÉ DU COURS CLASSIQUE DE DESSIN TOPOGRAPHIQUE

A l'usage des Écoles secondaires et des Écoles primaires du premier et du deuxième degré.

Ouvrage au moyen duquel on peut apprendre le dessin topographique sans le secours d'un maître.

Par J. CORRÉARD, ancien ingénieur.

SECONDE ÉDITION. — 1 vol. in-4° oblong composé de 8 dessins coloriés avec le plus grand soin, avec texte en regard. Prix broché : 5 fr.

RECUEIL DES BOUCHES A FEU LES PLUS REMARQUABLES,

DEPUIS L'ORIGINE DE LA POUDRE A CANON JUSQU'A NOS JOURS,

Commencé par M. le général d'artillerie MARION,

Et continué, sur les documents fournis par MM. les Officiers des armées françaises et étrangères, par MARTIN DE BRETTES, Capitaine d'artillerie et J. CORRÉARD, directeur du *Journal des Sciences militaires.*

L'ouvrage complet est composé d'un vol. in-4 de texte, avec un atlas grand in-folio de 130 planches.

Le texte est précédé de quatre tables :

La table Ire comprend, dans l'ordre chronologique, les bouches à feu, sans avoir égard à leurs formes, leurs dimensions, leur nature.

La table II comprend les bouches à feu, divisées en trois classes et rangées dans chaque classe par ordre chronologique.

§ 1er. Canons et bouches à feu longues.
§ 2e. Obusiers, bouches à feu moyennes.
§ 3e. Mortiers ou pièces courtes.

La table III comprend les bouches à feu des divers pays, divisées en trois classes et rangées par ordre chronologique,

La table IV comprend les bouches à feu représentées dans l'ouvrage de GASPERONI, correspondant avec celle du *Recueil des bouches à feu.*

Le volume est terminé par un Vocabulaire des noms donnés aux bouches à feu, depuis leur origine jusqu'à nos jours

Le prix de l'ouvrage complet est de 450 fr.

JOURNAUX MILITAIRES.

JOURNAL des Sciences militaires des armées de terre et de mer.

Ce recueil, qui paraît depuis vingt-neuf ans, est répandu en France et à l'étranger et renferme tout ce qui a rapport aux sciences militaires, histoire, tactique, etc. il est publié sur les documents fournis par les officiers des armées françaises et étrangères, par J. Corréard, ancien ingénieur.

L'année se compose de 12 numéros paraissant de mois en mois par cahier de 10 à 12 feuilles.

Prix de la souscription :

Paris.	42 fr.
Départements.	48 fr.
Etranger.	54 fr.

Nota. Chaque année écoulée se vend 42 fr.
Chaque numéro séparé se vend 5 fr.

JOURNAL des Armes spéciales et de l'Etat-major.

Ce recueil, qui paraît depuis vingt ans, est spécialement consacré aux questions d'artillerie et de génie. Depuis 1847, chaque numéro contient en outre, des articles sur le Corps royal d'état-major.

L'année se compose de 12 numéros paraissant de mois en mois, par cahier de 5 à 6 feuilles.

Prix de la souscription :

Paris,	20 fr.
Départements.	24 fr.
Etranger,	28 fr.

Nota. Chaque année écoulée se vend 20 fr.
Chaque numéro séparé se vend 3 fr.

JOURNAL de l'Infanterie et de la Cavalerie, 1834-1835, 2 vol. in-8, avec cartes, plans, dessins, portraits, costumes militaires, etc. 10 fr.

Imprimerie de COSSE et Cie, rue Christine, 2, Paris.

OUVRAGES DU MÊME AUTEUR

Expériences sur la résistance produite dans le forage des bouches à feu, faites à la fonderie de canons, à Liége, en 1840 et 1841, par COQUILHAT, capitaine d'artillerie, in-8°, avec planches. 1843. 3 fr. 50

De la quantité de travail absorbé par les frottements dans le forage des bouches à feu à la fonderie royale de canons de Liége, in-8°. 1847. 1 fr. 50

Expérience sur la résistance utile produite dans le forage du fer forgé, de la pierre calcaire et du grès, ainsi que dans le forage et le sciage du bois, faites à Tournay, en 1848 et 1849, brochure in-8°, 1850. 3 fr. 50

Expériences faites à Ypres, en 1850, sur la pénétration dans les terres de sondes en fer enfoncées par les chocs d'un bélier; application des fourneaux de mines cylindriques et horizontaux à l'ouverture des tranchées, in-8°, avec planches, 1851. 3 fr.

Expériences sur la résistance utile produite dans le forage, in-8°, 1850 et 1851. 2 fr.

Notes sur les projectiles creux et sur les bouches à feu, résistance à la rupture, tension des gaz, etc., in-8°, 1854. 3 fr.

1854. — DE SOYE ET BOUCHET, IMPRIMEURS, 2, PLACE DU PANTHÉON. — PARIS.

www.ingramcontent.com/pod-product-compliance
Ingram Content Group UK Ltd.
Pitfield, Milton Keynes, MK11 3LW, UK
UKHW020424230726
13925UKWH00004B/1603